国家出版基金资助项目
现代数学中的著名定理纵横谈丛书
丛书主编　王梓坤

MENELAUS THEOREM

Menelaus定理

吴文俊　著

哈尔滨工业大学出版社
HARBIN INSTITUTE OF TECHNOLOGY PRESS

内容提要

本书从几何中的 Menelaus 定理谈起,介绍了力学在数学(比如几何)中的应用.本书引用了中学生都熟悉的物体的重心和力的平衡这些力学概念,来举例说明如何应用它们来证明一些几何命题.

本书适合广大数学爱好者参考阅读.

图书在版编目(CIP)数据

Menelaus 定理/吴文俊著. —哈尔滨:哈尔滨工业大学出版社,2016.1

(现代数学中的著名定理纵横谈丛书)

ISBN 978-7-5603-5511-5

Ⅰ.①M… Ⅱ.①吴… Ⅲ.①平面几何-定理(数学)-研究 Ⅳ.①O123.1

中国版本图书馆 CIP 数据核字(2015)第 166560 号

策划编辑	刘培杰 张永芹
责任编辑	张永芹 杜莹雪
封面设计	孙茵艾
出版发行	哈尔滨工业大学出版社
社 址	哈尔滨市南岗区复华四道街 10 号 邮编 150006
传 真	0451-86414749
网 址	http://hitpress.hit.edu.cn
印 刷	牡丹江邮电印务有限公司
开 本	787mm×960mm 1/16 印张 12.5 字数 130 千字
版 次	2016 年 1 月第 1 版 2016 年 1 月第 1 次印刷
书 号	ISBN 978-7-5603-5511-5
定 价	78.00 元

(如因印装质量问题影响阅读,我社负责调换)

Menelaus 定理

Menelaus 定理

⊙ 代序

读书的乐趣.你最喜爱什么——书籍.

你经常去哪里——书店.

你最大的乐趣是什么——读书.

这是友人提出的问题和我的回答.真的,我这一辈子算是和书籍,特别是好书结下了不解之缘.有人说,读书要费那么大的劲,又发不了财,读它做什么?我却至今不悔,不仅不悔,反而情趣越来越浓.想当年,我也曾爱打球,也曾爱下棋,对操琴也有兴趣,还登台伴奏过.但后来却都一一断交,"终身不复鼓琴".那原因便是怕花费时间,玩物丧志,误了我的大事——求学.这当然过激了一些.剩下来唯有读书一事,自幼至今,无日少废,谓之书痴也可,谓之书橱也可,管它呢,人各有志,不可相强.我的一生大志,便是教书,而当教师,不多读书是不行的.

读好书是一种乐趣,一种情操;一种向全世界古往今来的伟人和名人求教的方法,一种和他们展开讨论的方式;一封出席各种社会、体验各种生活、结识各种人物的邀请信;一张迈进科学宫殿和未知世界的入场券;一股改造自己、丰富自己的强大力量.书籍是全人类有史以来共同创造的财富,是永不枯竭的智慧的源泉.失意时读书,可以使人重整旗鼓;得意时读书,可以使人头脑清醒;疑难时读书,可以得到解答或启示;年轻人读书,可明奋进之道;年老人读书,能知健神之理.浩浩乎!洋洋乎!如临大海,或波涛汹涌,或清风微拂,取之不尽,用之不竭.吾于读书,无疑义矣,三日不读,则头脑麻木,心摇摇无主.

潜能需要激发

我和书籍结缘,开始于一次非常偶然的机会.大概是八九岁吧,家里穷得揭不开锅,我每天从早到晚都要去田园里帮工.一天,偶然从旧木柜阴湿的角落里,找到一本蜡光纸的小书,自然很破了.屋内光线暗淡,又是黄昏时分,只好拿到大门外去看.封面已经脱落,扉页上写的是《薛仁贵征东》.管它呢,且往下看.第一回的标题已忘记,只是那首开卷诗不知为什么至今仍记忆犹新:

日出遥遥一点红,飘飘四海影无踪.

三岁孩童千两价,保主跨海去征东.

第一句指山东,二、三两句分别点出薛仁贵(雪、人贵).那时识字很少,半看半猜,居然引起了我极大的兴趣,同时也教我认识了许多生字.这是我有生以来独立看的第一本书.尝到甜头以后,我便千方百计去找书,向小朋友借,到亲友家找,居然断断续续看了《薛丁山西征》《彭公案》《二度梅》等,樊梨花便成了我心中的女英雄.我真入迷了.从此,放牛也罢,车水也罢,我总要带一本书,还练出了边走田间小路边读书的本领,读得津津有味,不知人间别有他事.

当我们安静下来回想往事时,往往会发现一些偶然的小事却影响了自己的一生.如果不是找到那本《薛仁贵征东》,我的好学心也许激发不起来.我这一生,也许会走另一条路.人的潜能,好比一座汽油库,星星之火,可以使它雷声隆隆、光照天地;但若少了这粒火星,它便会成为一潭死水,永归沉寂.

抄,总抄得起

好容易上了中学,做完功课还有点时间,便常光顾图书馆.好书借了实在舍不得还,但买不到也买不起,便下决心动手抄书.抄,总抄得起.我抄过林语堂写的《高级英文法》,抄过英文的《英文典大全》,还抄过《孙子兵法》,这本书实在爱得狠了,竟一口气抄了两份.人们虽知抄书之苦,未知抄书之益,抄完毫末俱见,一览无余,胜读十遍.

始于精于一,返于精于博

关于康有为的教学法,他的弟子梁启超说:"康先生之教,专标专精、涉猎二条,无专精则不能成,无涉猎则不能通也."可见康有为强烈要求学生把专精和广博(即"涉猎")相结合.

在先后次序上,我认为要从精于一开始.首先应集中精力学好专业,并在专业的科研中做出成绩,然后逐步扩大领域,力求多方面的精.年轻时,我曾精读杜布(J. L. Doob)的《随机过程论》,哈尔莫斯(P. R. Halmos)的《测度论》等世界数学名著,使我终生受益.简言之,即"始于精于一,返于精于博".正如中国革命一样,必须先有一块根据地,站稳后再开创几块,最后连成一片.

丰富我文采,澡雪我精神

辛苦了一周,人相当疲劳了,每到星期六,我便到旧书店走走,这已成为生活中的一部分,多年如此.一次,偶然看到一套《纲鉴易知录》,编者之一便是选编《古文观止》的吴楚材.这部书提纲挈领地讲中国历史,上自盘古氏,直到明末,记事简明,文字古雅,又富于故事性,便把这部书从头到尾读了一遍.从此启发了我读史书的兴趣.

我爱读中国的古典小说,例如《三国演义》和《东周列国志》.我常对人说,这两部书简直是世界上政治阴谋诡计大全.即以近年来极时髦的人质问题(伊朗人质、劫机人质等),这些书中早就有了,秦始皇的父亲便是受害者,堪称"人质之父".

《庄子》超尘绝俗,不屑于名利.其中"秋水"、"解牛"诸篇,诚绝唱也.《论语》束身严谨,勇于面世,"己所不欲,勿施于人",有长者之风.司马迁的《报任少卿书》,读之我心两伤,既伤少卿,又伤司马;我不知道少卿是否收到这封信,希望有人做点研究.我也爱读鲁迅的杂文,果戈理、梅里美的小说.我非常敬重文天祥、秋瑾的人品,常记他们的诗句:"人生自古谁无死,留取丹心照汗青","谁言女子非英物,夜夜龙泉壁上鸣".唐诗、宋词、《西厢记》、《牡丹亭》,丰富我文采,澡雪我精神,其中精粹,实是人间神品.

读了邓拓的《燕山夜话》,既叹服其广博,也使我动了写《科学发现纵横谈》的心.不料这本小册子竟给我招来了上千封鼓励信.以后人们便写出了许许多多的

"纵横谈".

从学生时代起,我就喜读方法论方面的论著.我想,做什么事情都要讲究方法,追求效率、效果和效益,方法好能事半而功倍.我很留心一些著名科学家、文学家写的心得体会和经验.我曾惊讶为什么巴尔扎克在51年短短的一生中能写出上百本书,并从他的传记中去寻找答案.文史哲和科学的海洋无边无际,先哲们明智之光沐浴着人们的心灵,我衷心感谢他们的恩惠.

读书的另一面

以上我谈了读书的好处,现在要回过头来说说事情的另一面.

读书要选择.世上有各种各样的书:有的不值一看,有的只值看20分钟,有的可看5年,有的可保存一辈子,有的将永远不朽.即使是不朽的超级名著,由于我们的精力与时间有限,也必须加以选择.决不要看坏书,对一般书,要学会速读.

读书要多思想.应该想想,作者说得对吗?完全吗?适合今天的情况吗?从书本中迅速获得效果的好办法是有的放矢地读书,带着问题去读,或偏重某一方面去读.这时我们的思维处于主动寻找的地位,就像猎人追找猎物一样主动,很快就能找到答案,或者发现书中的问题.

有的书浏览即止,有的要读出声来,有的要心头记住,有的要笔头记录.对重要的专业书或名著,要勤做笔记,"不动笔墨不读书".动脑加动手,手脑并用,既可加深理解,又可避忘备查,特别是自己的灵感,更要及时抓住.清代章学诚在《文史通义》中说:"札记之功必不可少,如不札记,则无穷妙绪如雨珠落大海矣."许多大事业、大作品,都是长期积累和短期突击相结合的产物.涓涓不息,将成江河;无此涓涓,何来江河?

爱好读书是许多伟人的共同特性,不仅学者专家如此,一些大政治家大军事家也如此.曹操、康熙、拿破仑、毛泽东都是手不释卷,嗜书如命的人.他们的巨大成就与毕生刻苦自学密切相关.

王梓坤

前言

数学、力学以及其他各学科,尽管它们研究的对象形形色色,使用的方法千变万化,但它们有一个共同的目的,即它们都是为了认识客观世界的规律性并用来改造客观世界而发生、发展和壮大起来的.在这个共同的目的之下,数学和力学更是一对亲密的"战友",它们互相支援和推动,彼此启发和帮助.

数学对于力学的作用是明显的.由于数学研究的对象非常普遍,研究的范围也就极其广泛,不论是自然科学、工程技术、国民经济以至于日常生活都不能不和数学打交道;特别是力学,更要用到数学.数学对力学家来说几乎是"不可一日无此君".

但是反过来,力学对数学的帮助也并不小.从小的方面来说,某些数学定理用力学方法来证明就很简单,某些数学问题从力学着眼来考虑就可能提供一些解决的办法;从大的方面来说,由力学出发,还可能提供新的数学思想、新的数学方法,从而产生新的数学分支.当然,这样的作用并不是力学所独有的.数学是一门基础科学,它是认识和改造客观世界的重要武器之一.它不仅经常对外来任务提供解决办法,而且还不断从外界吸收营养,来壮大自己的力量.这种外来的推动来自各个方面,但从历史的久远和影响的巨大来看,力学的作用特别显著.例如微积分的产生,力学就起了决定性的作用.16世纪英国工业革命的结果,工业的迅速发展和技术革新都要求深入了解物体的运动规律,因而对力学提出了很多急待研究的问题;要解决这些问题,原来的数学工具已经不够用了,迫切需要一个新的数学工具.这就是微积分产生的原因.

力学对数学的应用甚至可以追溯到2 000年前,那时是罗马帝国称雄的时代,有一位著名的科学家阿基米德,他对于物体在液体中的浮沉原理的发现是众所周知的,在中学的物理教科书中就提到了它.他在数学上的主要贡献是一些几何图形的面积和体积的计算.这些在今天看来仍然不是轻而易举的,而在当时就更难得了.阿基米德从力学角度入手提供了新的方法.这些方法用比较近代的观点来看,属于积分的范围.阿基米德的主要著作之一就是《一些几何命题的力学证明》.

学过物理的中学生都熟悉物体的重心和力的平衡这些力学概念.本书引用了这些力学概念,举例说明它们如何用来证明一些几何命题.

本书内容只涉及中学课程里的一些物理和几何的知识,不涉及深奥的理论.

目录

第 1 章　重心概念的应用 …………………… 1

第 2 章　力系平衡概念的应用 ……………… 9

附录 1　吴文俊传略 ………………………… 27

附录 2　三角形几何的兴起、衰落和可能的东山再起:微型历史 ………… 101

参考文献 …………………………………… 118

编辑手记 …………………………………… 119

重心概念的应用

第 1 章

一根棒,如果它的质量均匀分布,它的重心就在棒的中央;如果棒的质量不是均匀的,密度大小各处不同,它的重心就可能偏在某处,但是不管怎样,只要在重心那一点把棒支起,就可以让这根棒达到平衡(图 1).同样,在一个平板的重心那一点将这平板支起,也能达到平衡(图 2).最简单的情形,只有两个质点 M_1 和 M_2,它们的质量分别是 m_1 和 m_2,那么这两个质点的重心 M 就在 M_1 和 M_2 这两点的连线上(图 3).它把线段 M_1M_2 分成下面的比例

$$d_1 : d_2 = m_2 : m_1$$

图 1

Menelaus 定理

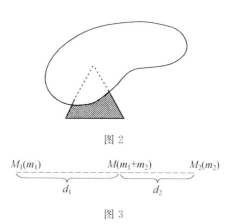

图 2

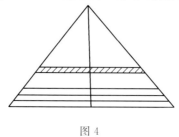

图 3

三角形有许多有趣的性质是大家熟悉的.例如,三条中线交于一点(重心),三条高线交于一点(垂心),三条内角平分线交于一点(内心),等等.我们现在从力学的角度出发来证明三条中线交于一点.

设想有一个三角形板,质量均匀分布.那么它的重心应该在什么地方呢?我们把这个三角形板分成许多沿底边平行的狭条(图 4).当这些狭条分得很细时,它的重心就在它的中点.所有这些狭条的重心就都在三角形板底边的中线上,因此整个三角形板的重心也就在这条中线上.同样道理,这个三角形板的重心也在另外两条中线上.可见三角形的三条中线相交于一点,即

图 4

这个三角形的重心.

我们也可以换一种方法来考虑. 设想在三角形的三个顶点处有质量同为 m 的质点(图 5). 我们来看这三个质点的重心应该在什么位置. 质点 $B(m)$ 和 $C(m)$ 的重心在底边 BC 的中点 D 处,质量是 $2m$. 质点 $D(2m)$ 和质点 $A(m)$ 的重心,也就是三个质点 $A(m)$, $B(m)$ 和 $C(m)$ 的重心,应该在 AD 这条中线上,并且这个重心 M 将线段 AD 分成下面的比例

$$AM:MD = 2m:m$$

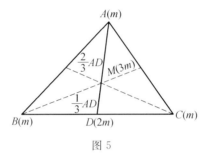

图 5

即 $AM = 2MD$. 可见 $AM = \dfrac{2}{3}AD, MD = \dfrac{1}{3}AD$. 同理,重心 M 也应该在另外两条中线上. 于是三条中线都相交在重心 M 这一点,它和每个顶点的距离等于相应中线长度的 $\dfrac{2}{3}$.

上面是设想三个顶点处有相同质量的情形. 现在我们来看如果这三个顶点处质量不同,将会发生什么情形? 例如:在顶点 A 处的质量等于对边 BC 的长度 a;同样,在另外两个顶点 B,C 处的质量也等于它们对边的长度 b,c(图 6). 点 B,C 的重心 D 在线段 BC 上,它把线段 BC 分成下面的比例

$$BD:DC = c:b = AB:AC$$

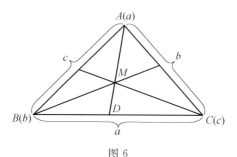

图 6

可见 AD 是 $\angle A$ 的平分线(三角形的角平分线把对边分成的两线段和两条邻边成比例). 于是质点 A 和 D 的重心, 也就是整个质点系 A,B,C 的重心 M 应该在角平分线 AD 上. 同理, 这个重心也应该在另外两条角平分线上. 这样, 我们就很清楚地看出了三角形的三条内角平分线应该交于一点.

如果我们把三个顶点处的质量分布再变化一下(图 7, $\angle A, \angle B, \angle C$ 都是锐角), 也可以证明三角形的三条高交于一点.

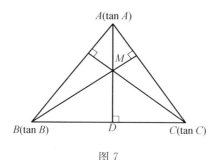

图 7

现在我们考虑更一般的情形. 设想通过 $\triangle ABC$ 的每个顶点处有一条直线(图 8), 且把对边分成的比例

分别是 α,β,γ，即

$$BD:DC=\alpha$$
$$CE:EA=\beta$$
$$AF:FB=\gamma$$

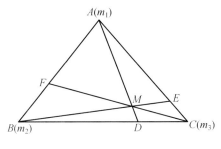

图 8

假若 AD,BE,CF 这三条直线交于一点，我们来看 α,β,γ 之间有什么样的关系．设想顶点 A,B,C 处的质量分别为 m_1,m_2 和 m_3，我们总可以选择 m_1,m_2,m_3 使得 F 是质点 A,B 的重心，同时 E 是质点 A,C 的重心，即选择 m_1,m_2,m_3 使得

$$m_2:m_1=\gamma, m_1:m_3=\beta$$

所以，显然整个质点系 A,B,C 的重心 M 应该在 BE 和 CF 的交点处．既然直线 AD 也通过这个重心，所以 D 一定是质点 B,C 的重心（假若 B,C 的重心不是 D 而是另外一点 D'，那么整个质点系 A,B,C 的重心也就不在 AD 上，而在 AD' 上了），因此也应该有

$$m_3:m_2=\alpha$$

所以，如果 AD,BE,CF 交于一点 M，那么

$$\alpha\cdot\beta\cdot\gamma=\frac{m_3}{m_2}\cdot\frac{m_1}{m_3}\cdot\frac{m_2}{m_1}=1$$

反过来，如果 $\alpha\cdot\beta\cdot\gamma=1$，我们总可以选择适当的 m_1，

Menelaus 定理

m_2, m_3 作为 A, B, C 的质量,使得质点 B, C 的重心正好在 D,质点 C, A 的重心正好在 E,而同时质点 A, B 的重心也正好在 F(例如,让 $m_1=1, m_2=\gamma, m_3=\dfrac{1}{\beta}$).因此整个质点系 A, B, C 的重心应该同时在 AD, BE, CF 这三条直线上,可见这时 AD, BE, CF 交于一点.这样,我们就证明了三角形的塞瓦(Cova,Giovanni 1648—1734)定理:AD, BE, CF 交于一点的充分必要条件是 $\alpha \cdot \beta \cdot \gamma = 1$.

从上面这些例子来看,应用力学的重心概念不仅可以简化某些几何命题的证明,很自然地得到所要的结论,而且也能够自然而然地发现某些几何事实.我们再举一例来说明如何利用重心概念来发现一个几何图形的性质.

设想在一个四面体(图 9)的四个顶点 A, B, C, D 处有相同的质量 m.质点 A, B 的重心在线段 AB 的中点 M_{AB};质点 C, D 的重心在线段 CD 的中点 M_{CD}.所以质点 $M_{AB}(2m)$ 和质点 $M_{CD}(2m)$ 的重心,也就是整个质点系 A, B, C, D 的重心 M,应该在线段 $M_{AB}M_{CD}$ 的中

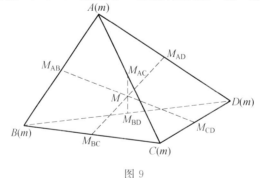

图 9

点. 同样, 这个重心 M 也应该在 BC 的中点 M_{BC} 和 AD 的中点 M_{AD} 的连线上, 也在 M_{AC} 和 M_{BD} 的连线上.

因此, 如果把 AB 和 CD 叫作对边, 那么, 我们就十分自然地看出: 四面体的三对对边的中点连线相交在一点, 即四面体的重心.

我们也可以换一种方法来求这个重心 M. 质点 B, C, D 的重心 M_{BCD} 在 $\triangle BCD$ 的重心处, 即三条中线的交点(图 10). 因此整个质点系 A, B, C, D 的重心 M 就在线段 AM_{BCD} 上, 即质点 $A(m)$ 和质点 $M_{BCD}(3m)$ 的重心所在处. 于是线段 AM 的长度等于 AM_{BCD} 的长度的 $\dfrac{3}{4}$. 同样, 这个重心也在线段 BM_{CDA}, CM_{DAB} 和 DM_{ABC} 上. 因此, AM_{BCD}, BM_{CDA}, CM_{DAB} 和 DM_{ABC} 这四个线段又应该相交在 M 这一点. 这样, 我们很自然地发现了上面所说的几何事实, 即四面体 $ABCD$ 共有七条上面所说的特殊线段相交在一点.

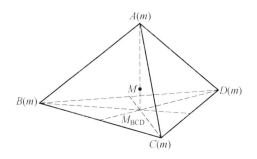

图 10

对于四面体, 我们考虑了在各个顶点处质量分布相同的情形. 如果各个顶点处的质量各不相同, 我们又可以得到什么样的结论呢? 是否可以得到类似于三角

Menelaus 定理

形的塞瓦定理那样的命题呢?这个问题留给读者自己去解答.

力系平衡概念的应用

第 2 章

力,是造成物体运动状态改变的原因,通常用一个箭头来表示:箭头的方向表示力的作用方向,箭头的起点表示力的作用点,箭头的长短表示力的大小(图 1). 可见,一个力是由三个因素组成,即力的方向、大小和作用点. 下面我们把一个力记为 a 并把它的大小记为 $|a|$.

图 1

我们设想用一条理想的绳来拉一个物体(图 2),只要使用的力一样大,作用的方向一样,那么不论这个力作用在绳上哪一点,它所产生的效果总是一样的.这个性质就是力的传递性.力既然有传递性,所以有时也可以不考虑力的作用点,而只考虑力的方向和大小.

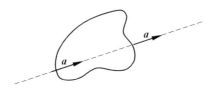

图 2

现在设想有一物体受许多力的作用,这些力构成一个力系.这个力系对这物体所产生的总效果究竟怎样呢?我们先考虑两个力,它们作用在一点,总的效果就像物体受单独一个力的作用一样,这个力称为这二力的合力,它的方向、大小可用下面这个几何方法求得:在 a,b 的作用线重合时,合力是很明显的;假使不重合,那么以力 a 和 b 为边的平行四边形的对角线就可代表这合力 $a+b$ 的大小和方向,也就是力 a 和 b 的总效应(图 3).如果这两个力不交于一点,但作用线交于一点,那么可以把这两个力移到这个交点后,再应用上述平行四边形法则来求得它们的合力.如图 3 所示,合力 $a+b$ 和力 a 所成的角是 β,和力 b 所成的角是 α,那么

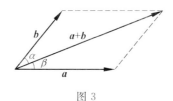

图 3

第 2 章　力系平衡概念的应用

$$\frac{|a|}{|b|}=\frac{\sin\alpha}{\sin\beta}$$

如果一个平面上的两个力 a 和 b 的作用线平行，它们的方向又相同（图 4），那么合力 $a+b$ 的作用线和这二力的作用线平行，合力与力 a 和力 b 之间的距离 d_1 和 d_2 有下面的关系

$$\frac{d_1}{d_2}=\frac{|b|}{|a|}$$

合力 $|a|+|b|$ 的方向也就是这二力的方向，合力的大小是这二力大小的和

$$|a+b|=|a|+|b|$$

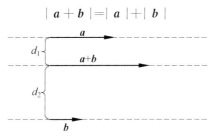

图 4

假如 a 和 b 的作用线平行，但方向相反，并且力 a，b 的大小不等（图 5），那么合力的作用线也和力 a，b 的作用线平行，它跟这两条直线的距离 d_1 和 d_2 有下面这个关系

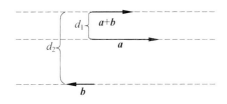

图 5

Menelaus 定理

$$\frac{d_1}{d_2} = \frac{|\boldsymbol{b}|}{|\boldsymbol{a}|}$$

合力的方向是这二力中较大的一力的方向,合力的大小是这二力大小之差

$$|\boldsymbol{a}+\boldsymbol{b}| = ||\boldsymbol{a}|-|\boldsymbol{b}||$$

假如力 $\boldsymbol{a}$ 和 $\boldsymbol{b}$ 的作用线平行,方向相反,并且力 $\boldsymbol{a}$,$\boldsymbol{b}$ 的大小相等(图6),那么这二力的总效果是一个旋转,因此不能用一个单纯的力来代替.这时力 $\boldsymbol{a}$,$\boldsymbol{b}$ 称为一个力偶.

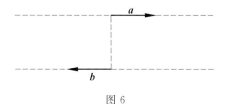

图 6

因此,对于由许多在同一平面上的力组成的一个平面力系,我们总可以依次一个一个地加起来,最后求得整个力系的总效果,或者能够用一个单纯的力来代替,或者它的总效果是一力偶.

如果一个力系的合力是零,就是它的总效果对所作用的物体并无影响,那么称这个力系处在平衡状态,例如在同一条作用线上的二力大小相等方向相反,那么这二力成平衡.三个力中二力的合力和第三力成平衡,那么这三个力也平衡.我们有下面这个简单原理.

原理 I 平面上的三个力成平衡,那么三个力的作用线或者平行,或者交于一点(图7).

可以利用这个原理证明某三条不相互平行的直线交于一点,只要能设法找到三个力成平衡,而它们的作用线就是要考虑的那三条直线.下面举些例子来说明

第 2 章 力系平衡概念的应用

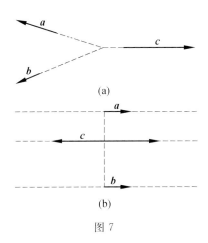

图 7

这个原理的应用.

设想在 △ABC 的底边 BC 上有二力 a 和 a' 成平衡,在边 AC 上有二力 b 和 b' 成平衡,在边 AB 上也有二力 c 和 c' 成平衡(图 8),因此整个力系处在平衡状态.再设各个力的大小都相等

$$|a|=|b|=|c|=|a'|=|b'|=|c'| \quad (\neq 0)$$

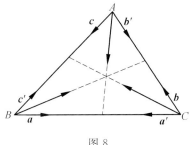

图 8

现在我们换一种方法来计算这个力系的合力:如图 8 所示,力 b' 和力 c 的合力用这二力所决定的平行四边形的对角线来表示.既然 $|b'|=|c|$,所以这条对角线

13

也就是顶角 A 的平分线,即 $b'+c$ 的作用线是 $\angle A$ 的平分线.同样,$a+c'$ 的作用线是 $\angle B$ 的平分线,$a'+b$ 的作用线是 $\angle C$ 的平分线.既然整个力系处于平衡状态,所以这三条作用线交于一点(平行不可能,为什么?读者可自己考虑一下).这样,利用力的平衡概念,很简单地证明了三角形三条内角平分线交于一点.

将图 8 各个力的分布稍加变动,如图 9 所示,将力 a 和 a' 对调,也可以很自然地看出:三角形一内角的平分线和其余两外角的平分线交于一点.

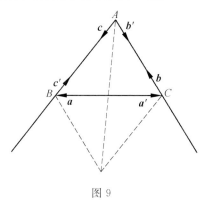

图 9

上面考虑的是假定所有力的大小都相等的情形.如果要使整个力系平衡,只让每边上的二力大小相等也就可以了.如图 10 所示,如果通过顶点 A,B,C 的三条直线 AD,BE,CF 相交在一点,那么总可以选择如图 10 所示的力系,使 a,c' 的合力的作用线是 BE,a',b 的合力的作用线是 CF,即使得

$$\frac{\sin\alpha}{\sin\gamma'}=\frac{|a|}{|c'|},\frac{\sin\beta}{\sin\alpha'}=\frac{|b|}{|a'|}$$

$$|a|=|a'|,|b|=|b'|,|c|=|c'|$$

由于整个力系平衡,所以力 b' 和 c 的合力作用线

第2章 力系平衡概念的应用

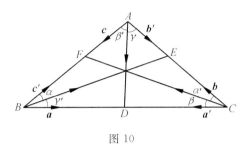

图 10

应该通过 BE 和 CF 的交点,即 b' 和 c 的合力作用线是 AD,因此也就有

$$\frac{\sin\gamma}{\sin\beta'} = \frac{|c|}{|b'|}$$

从而

$$\frac{\sin\alpha}{\sin\gamma'} \cdot \frac{\sin\beta}{\sin\alpha'} \cdot \frac{\sin\gamma}{\sin\beta'} = \frac{|a|}{|c'|} \cdot \frac{|b|}{|a'|} \cdot \frac{|c|}{|b'|} =$$

$$\frac{|a|}{|c|} \cdot \frac{|b|}{|a|} \cdot \frac{|c|}{|b|} = 1$$

即

$$\frac{\sin\alpha}{\sin\alpha'} \cdot \frac{\sin\beta}{\sin\beta'} \cdot \frac{\sin\gamma}{\sin\gamma'} = 1$$

反之,假如这个条件满足,那么总可以找到上面这种平衡力系,使得

$$\frac{\sin\alpha}{\sin\gamma'} = \frac{|a|}{|c'|}, \frac{\sin\beta}{\sin\alpha'} = \frac{|b|}{|a'|}, \frac{\sin\gamma}{\sin\beta'} = \frac{|c|}{|b'|}$$

因而三条合力作用线 AD,BE,CF 交于一点.这个事实也称为三角形的塞瓦定理,它和前面所提到的塞瓦定理事实上是等价的.将图 10 的平衡力系稍加变动,如图 11 所示,也可得到类似的结果(由于质量必须是正的,所以这一情形不能利用质量概念来推出).对于力系平衡概念,我们还有下面这个简单原理.

Menelaus 定理

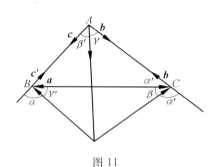

图 11

原理 II 假如平面力系有一不等于 **0** 的单纯合力通过 $A, B, C, \cdots$ 各点,那么 $A, B, C, \cdots$ 在一条直线上(图 12),即在这合力的作用线上.

图 12

这个原理可以用来证明某些几何图形某几点共线的命题,即考虑一力系,它的总效果就是它的合力通过这些点.

我们利用这个原理来证明:三角形两条内角平分线和其余一条外角平分线分别和对边的交点在一直线上[①]. 如图 13 所示,在 $\triangle ABC$ 的三边 BC, CA 和 AB 上各取一力 a, b, c,它们的大小相等

$$|a|=|b|=|c| \quad (\neq 0)$$

将力 b 和 c 移到顶点 A,由于它们的大小相等,合力 $b+c$

---

① 在这里和以后所举例中,我们都假定不出现平行的情形,虽然这个情形仍可作类似的考虑.

第 2 章 力系平衡概念的应用

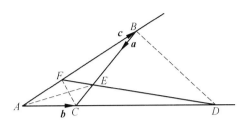

图 13

的作用线是 $\angle A$ 的平分线 AE.既然力 $\boldsymbol{a}$ 的作用线是 BC,所以整个力系的合力 $\boldsymbol{a}+\boldsymbol{b}+\boldsymbol{c}$ 应该通过 AE 和 BC 的交点,即合力 $\boldsymbol{a}+\boldsymbol{b}+\boldsymbol{c}$ 通过点 E.同样,先考虑 $\boldsymbol{a}+\boldsymbol{b}$ 或 $\boldsymbol{a}+\boldsymbol{c}$,也自然看出这个合力要通过 $\angle C$ 的内角平分线 CF 和对边的交点 F,也就通过 $\angle B$ 的外角平分线 BD 和对边的交点 D.既然合力 $\boldsymbol{a}+\boldsymbol{b}+\boldsymbol{c}$ 通过 D,E,F 三点,并且显然不等于 $\boldsymbol{0}$,可见 D,E,F 在一条直线上.

原理 II 不仅可以用来证明几点共线的几何命题,而且能够十分自然地发现这种命题.假设,在图 13 中的三个力,如果大小不等,我们会得到什么样的结论呢？如图 14 所示,通过顶点 A,B,C 的三直线 AE,BD,CF 分别和对边相交于 E,D,F 三点,它们和其余两邻边的夹角分别记为 $\gamma,\beta';\alpha,\gamma';\beta,\alpha'$.我们总可以选择三个力 $\boldsymbol{a},\boldsymbol{b},\boldsymbol{c}$,使得

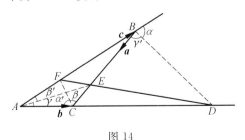

图 14

17

Menelaus 定理

$$\frac{\sin \beta}{\sin \alpha'} = \frac{|\boldsymbol{b}|}{|\boldsymbol{a}|}, \frac{\sin \gamma}{\sin \beta'} = \frac{|\boldsymbol{c}|}{|\boldsymbol{b}|}$$

即 $\boldsymbol{a}+\boldsymbol{b}$ 的作用线是 CF，$\boldsymbol{b}+\boldsymbol{c}$ 的作用线是 AE. 因此整个力系的合力 $\boldsymbol{a}+\boldsymbol{b}+\boldsymbol{c}$ 的作用线是直线 EF. 现在假如 E,F,D 三点在一条直线上，即合力作用线 EF 通过点 D，由于力 $\boldsymbol{b}$ 通过点 D，所以力 $\boldsymbol{a}+\boldsymbol{c}$ 也必须通过点 D，即 BD 是力 $\boldsymbol{a}+\boldsymbol{c}$ 的作用线，因此也有

$$\frac{\sin \alpha}{\sin \gamma'} = \frac{|\boldsymbol{a}|}{|\boldsymbol{c}|}$$

于是，当 E,F,D 三点共线时

$$\frac{\sin \alpha}{\sin \alpha'} \cdot \frac{\sin \beta}{\sin \beta'} \cdot \frac{\sin \gamma}{\sin \gamma'} = 1$$

反过来，假如上述条件成立，按照上面所取的力系 $\boldsymbol{a}$，$\boldsymbol{b}$，$\boldsymbol{c}$ 自然也有

$$\frac{\sin \alpha}{\sin \gamma'} = \frac{|\boldsymbol{a}|}{|\boldsymbol{c}|}$$

即 $\boldsymbol{a}+\boldsymbol{c}$ 的作用线是 BD. 由此可见 E,F,D 三点共线. 我们从力系平衡概念出发得到的这个命题叫作三角形的梅涅劳斯（Menelaus）定理.

由平面上四条直线 L_1,L_2,L_3,L_4 构成的图形叫作一个完全四边形（图 15），它有六个顶点 A_{12},A_{34}；A_{13},A_{24}；A_{14},A_{23}，其中 A_{12},A_{34} 称为相对顶点，等等. 它有四条边以及四个三角形. 在每一顶点处有两条角平分线互相垂直，这些角平分线中有些三条交于一点，即四个三角形的四个内心和十二个傍心. 我们现在从力学角度出发，来看它还有什么其他几何性质. 我们在每一条直线上作一个力：$\boldsymbol{a}_1$ 在 L_1 上，$\boldsymbol{a}_2$ 在 L_2 上，等等，如图 15 所示. 这些力的大小都相等

$$|\boldsymbol{a}_1| = |\boldsymbol{a}_2| = |\boldsymbol{a}_3| = |\boldsymbol{a}_4| \quad (\neq 0)$$

第 2 章 力系平衡概念的应用

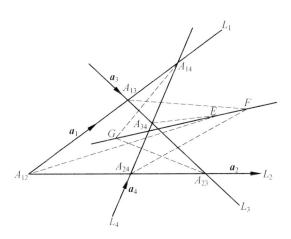

图 15

将力 a_1 和 a_2 移到顶点 A_{12},它们的合力作用线应当是在 A_{12} 处的一条角平分线.再将 a_3 和 a_4 移到顶点 A_{34} 处,它们的合力作用线又应当是在 A_{34} 处的一条角平分线.因此整个力系的合力 $a_1+a_2+a_3+a_4$ 的作用线应该通过这两条角平分线的交点 E.同样,分别考虑合力 a_1+a_3 和 a_2+a_4 时,整个力系的合力作用线也要通过顶点 A_{13} 处的一条角平分线和顶点 A_{24} 处的一条角平分线的交点 F.同样,这条作用线也通过顶点 A_{14} 和 A_{23} 处两条角平分线的交点 G.既然 $a_1+a_2+a_3+a_4$ 的合力通过 E,F,G 这三点,可见 E,F,G 在一条直线上.于是,我们从力学的角度出发,很自然地发现了完全四边形三对相对顶点处的角平分线的交点在一条直线上.这样的直线一共有 8 条.这个事实是到 19 世纪才发现的;从几何的角度出发,证明却并不简单.

我们再利用原理 II 来证明著名的帕斯卡(Pascal)定理.

Menelaus 定理

定理(帕斯卡)　圆内接六边形三对对边延长线的交点在一条直线上(图 16).

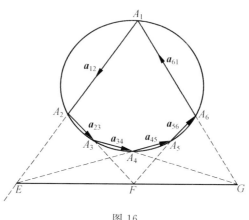

图 16

在圆内接六边形中边 A_1A_2 和 A_4A_5 称为相对边,它们的交点是 E. 相对边 A_2A_3 和 A_5A_6 的交点是 F,而 A_3A_4 和 A_6A_1 的交点是 G. 帕斯卡发现 E,F,G 三点在一条直线上,这在当时只是一种趣味性的结果,意义并不很大,但到 19 世纪人们却发现这个定理对圆锥曲线也成立,并且可以作为整个圆锥曲线的理论基础. 我们中学里所学的几何主要是考虑几何图形的度量性质,叫作欧几里得几何. 在 19 世纪中期出现了一门新的几何学,它以研究图形的平直、相交等所谓投影性质为主,叫作投影几何. 这一门几何学的创立、发展和奠定基础是 19 世纪不少主要几何学家专注工作的结果. 到 19 世纪末,他们还发现整个投影几何可奠基在一些简单命题以及帕斯卡定理(或跟它相当的定理)之上,而帕斯卡定理在这些命题里又占据着特殊位置. 因此,在今天看来,帕斯卡定理的意义就和发现时的情况完全

第 2 章　力系平衡概念的应用

不同了.

证明　为了利用原理 I 来证明帕斯卡定理,我们应该设法找出一个力系,使它的合力通过 E, F, G 三点就行了. 在证明之前,我们先来考虑一下,如图 17 所示,圆内接四边形 $A_1 A_2 A_3 A_4$ 的每一边上各有一力,在什么条件下这四个力成平衡? 合力 $a_{12} + a_{14}$ 的作用线通过 A_1,合力 $a_{34} + a_{32}$ 的作用线通过 A_3. 因此,假如要 $a_{12}, a_{14}, a_{34}, a_{32}$ 平衡,首先上面两个合力的作用线必须重合,即对角线 $A_1 A_3$ 同时是 $a_{12} + a_{14}$ 和 $a_{32} + a_{34}$ 的作用线. 因此有

$$\frac{\sin \alpha}{\sin \delta} = \frac{|a_{12}|}{|a_{14}|}, \frac{\sin \beta}{\sin \gamma} = \frac{|a_{32}|}{|a_{34}|}$$

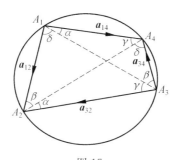

图 17

同时我们也有

$$\frac{\sin \gamma}{\sin \delta} = \frac{|a_{34}|}{|a_{14}|}, \frac{\sin \alpha}{\sin \beta} = \frac{|a_{12}|}{|a_{32}|}$$

按照正弦定理,有

$$\frac{\sin \alpha}{\sin \delta} = \frac{A_3 A_4}{A_2 A_3}$$

所以

$$\frac{|a_{12}|}{|a_{14}|} = \frac{A_3 A_4}{A_2 A_3}$$

Menelaus 定理

即
$$\frac{|a_{12}|}{A_3A_4} = \frac{|a_{14}|}{A_2A_3}$$

同理可以得到
$$\frac{|a_{12}|}{A_3A_4} = \frac{|a_{34}|}{A_1A_2} = \frac{|a_{23}|}{A_1A_4} = \frac{|a_{14}|}{A_2A_3}$$

可见,要使力系 $a_{12},a_{23},a_{34},a_{14}$ 平衡,每一边上的力和对边长度的比必须是一常数. 反过来,也容易验证,假如这个条件满足,力系也的确平衡.

根据上面所说的道理,如在圆内接四边形的一对对边 A_1A_2 和 A_3A_4 上给了两个力 a_{12} 和 a_{34}(图 18),使得
$$\frac{|a_{12}|}{A_3A_4} = \frac{|a_{34}|}{A_1A_2}$$

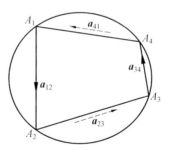

图 18

那么,总可以用另一对对边 A_1A_4 和 A_2A_3 上的两个力 a_{23} 和 a_{41} 去代替,它们的大小和对边长度的比正好就是上面那个已知的比值,即
$$\frac{|a_{41}|}{A_2A_3} = \frac{|a_{23}|}{A_1A_4} = \frac{|a_{12}|}{A_3A_4} = \frac{|a_{34}|}{A_1A_2}$$

因此,这两个新的力和原来两个力的总的效果相同
$$a_{23} + a_{41} = a_{12} + a_{34}$$

现在来证明帕斯卡定理,如图 16 所示,我们在圆

内接六边形的每一边上作一个力,设法选取这些力,使得整个力系的合力通过 E, F, G 三点. 我们先考虑使合力通过点 E. 力 a_{12} 和 a_{45} 既然分别在 A_1A_2 和 A_4A_5 上,所以 $a_{12}+a_{45}$ 自然通过 A_1A_2 和 A_4A_5 的交点 E,所以我们只需考虑如何选取其余四个力使它们的合力通过 E 即可. 先看圆内接四边形 $A_1A_2A_3A_6$ 的对边 A_2A_3 和 A_1A_6 上的两个力 a_{23} 和 a_{61}. 根据前面所说的道理,只要这两个力的大小和对边长度成正比,就可以用在另外一对对边 A_1A_2 和 A_3A_6 上的两个力 a'_{12} 和 a_{36} 去代替(图 19),使得

$$\frac{|a_{23}|}{A_6A_1}=\frac{|a_{61}|}{A_2A_3}=\frac{|a'_{12}|}{A_3A_6}=\frac{|a_{36}|}{A_1A_2}$$

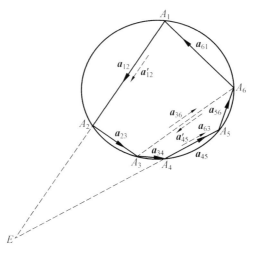

图 19

同样,四边形 $A_3A_4A_5A_6$ 的对边 A_3A_4 和 A_5A_6 上的两个力 a_{34} 和 a_{56} 的大小如果也和对边长度成正比,也可以用在另外一双对边 A_4A_5 和 A_3A_6 上的两个力 a'_{45} 和

Menelaus 定理

a_{63} 去代替,使得

$$\frac{|a_{34}|}{A_5 A_6} = \frac{|a_{56}|}{A_3 A_4} = \frac{|a'_{45}|}{A_3 A_6} = \frac{|a_{63}|}{A_4 A_5}$$

于是整个力系化成了 $a_{12}, a'_{12}, a_{45}, a'_{45}$ 和 a_{36}, a_{63},除了最后两个力外,其余各个力的作用线都通过点 E. 因此如果我们能够选择圆内接六边形各边上的力,使得

$$\frac{|a_{23}|}{A_6 A_1} = \frac{|a_{61}|}{A_2 A_3}, \frac{|a_{34}|}{A_5 A_6} = \frac{|a_{56}|}{A_3 A_4}, |a_{36}| = |a_{63}|$$

那么整个力系的合力必定通过点 E,因为这时 a_{36} 和 a_{63} 大小相等、方向相反,结果互相抵消.

同样,再考虑要求合力通过 F, G 两点时,又可得一系列确定各个力的条件

(F) $\dfrac{|a_{12}|}{A_3 A_4} = \dfrac{|a_{34}|}{A_1 A_2}, \dfrac{|a_{45}|}{A_6 A_1} = \dfrac{|a_{61}|}{A_4 A_5}, |a_{14}| = |a_{41}|$

(G) $\dfrac{|a_{12}|}{A_5 A_6} = \dfrac{|a_{56}|}{A_1 A_2}, \dfrac{|a_{23}|}{A_4 A_5} = \dfrac{|a_{45}|}{A_2 A_3}, |a_{25}| = |a_{52}|$

从这些条件很容易看出,我们应该选择各个力大小如下

$$|a_{12}| = A_3 A_4 \cdot A_5 A_6, \ |a_{23}| = A_4 A_5 \cdot A_6 A_1$$
$$|a_{34}| = A_5 A_6 \cdot A_1 A_2, \ |a_{45}| = A_6 A_1 \cdot A_2 A_3$$
$$|a_{56}| = A_1 A_2 \cdot A_3 A_4, \ |a_{61}| = A_2 A_3 \cdot A_4 A_5$$

不难验证,这样选出的各个力的确满足上面所有的条件,因而整个力系的合力(显然不等于 **0**)既经过 E,也经过 F 和 G. 于是 E, F, G 在一条直线上.

这样通过力学的角度,很自然地证明了帕斯卡定理. 直线 EFG 称为圆内接六边形 $ABCDEF$ 的一条帕斯卡线. 上面我们考虑的是圆上六个点依次相连而得

的内接六边形. 我们也可以考虑不依次相连而得的六边形,这样的六边形一共有 60 个. 每个这样的六边形都相应有一条帕斯卡线,所以共有 60 条帕斯卡线. 在图 20 中的六边形 $A_1A_2A_3A_4A_5A_6$ 的帕斯卡线是 PQR. 这些线所构成的图像曾被 19 世纪的许多几何学家所注意,他们断断续续发现了不少有趣的性质,例如这 60 条帕斯卡线依某一种组合三三交于一点,称为斯坦纳(Steiner)点,这样的点有 20 个. 又依另一种组合也三三交于一点,称为凯克门(Kirkmann)点,这样的点有 60 个. 而每一个斯坦纳点又和其他三个凯克门点在一条直线上,这样的直线叫凯利 — 雪尔门 (Gayley-Salmon)线,有 20 条,这 20 条依某种组合又四四交于一点,共有 15 个这样的点. 同样 20 个斯坦纳点依某种组合又四四交在一条直线上,这样的线也有 15 条,等等. 这些性质的证明固然不算很简单,而它们能够被发现更不容易,只要看这些定理的出现前后有四五十年之久,就可以想象到发现者们的劳动如何艰苦. 可是如果我们使用前面所说的力学方法,那么这些定理的证明和发现,就几乎轻而易举了.

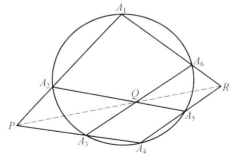

图 20

Menelaus 定理

我们所举的一些例子,多少是近于趣味性的,没有任何代表性,就像 60 条帕斯卡线所构成的图像那样,即使在几何学里面,也谈不上任何重要性.我们的目的只在说明几何学和力学之间的某种亲密关系,它们的帮助是相互的,力学对于几何学和数学其他分支的发生、发展起过巨大的刺激作用,过去是这样,将来还会是这样.

吴文俊传略

附录 1

一、学术生涯

吴文俊,中国数学家,1919 年 5 月 12 日出生在上海市.父亲吴福同在交大前身的南洋公学毕业,长期在一家以出版医药卫生书籍为主的书店任编译,他埋头工作,与世无争.吴文俊家中关于五四运动时期的许多著作与历史著作对少年吴文俊的思想有重要影响.吴文俊在初中时对数学并无偏爱,成绩也不突出.只是到了高中,由于授课教师的启迪,他逐渐对数学及物理产生兴趣,特别是几何与力学.1936 年中学毕业后,他并没有专攻数学的想法,甚至家庭也对供他上大学有一定困难,只是因为当时学校设立三名奖学金,一名指定给吴,并指定报考交大数学系,才使他考入这所以工科见长的著名学府.比起国内当时一些著名大学,交大数学系成立较晚,教学内容也比较古老,偏重计算而少理论. 大学一、二年级听过初等数学(陈怀书讲,用林鹤一的书)、微积分(胡敦复讲)、高等微积分(汤彦颐讲)、复变函数论(汤彦颐讲)、微分方程(石法仁讲),用的多是英美课本,理论不多,程度也不高. 这使吴文俊念到二年级时,对数学失去了兴趣,甚至想辍学不念了. 到三年级时,由于武崇林讲授代数与实变函数论,才使吴文俊对数学的兴趣产生新的转机. 他对于现代数学尤其是实变函数论产生了浓厚的兴趣,在课下刻苦自学,反复阅读几种主要著作,当时求知欲旺盛,吸收力强,从而在数学方面打下坚实的基础. 有了集合论及实变的深厚基础后,吴进而钻研点集拓扑的经典著作(如康托(G. Cantor)、豪斯道夫(F. Hausdorff)、舍恩弗利斯(A. M. Schönflies)、杨(W. H. Young)等人的名著)以及波兰著名期刊《数学基础》(Fundamental Mathematica)上的论文. 前几卷他几乎每篇都读,以后重点选读,现在他还保存着当时看过的论文摘要. 随后他又学习组合拓扑学经典著作(如塞弗特(H. Seifert)和特雷法尔(W. R. Threlfall)的《拓扑学》). 他高超的外文水平(特别是英文、德文)大大有助于他领会原著. 由于毕业之后无法接触现代数学书刊,加上日常工作繁重,他只得中断向现代数学的进军而抽空以初等几何自娱,实属迫不得已. 他曾保留一本数学日记,记载自己的想法及结果,不幸已经遗失. 在大学一年级时,他发现一个用力学方法证明难度很大的帕斯卡定理,四年级时以60条帕斯卡线的种种关系作为他毕业论文的内容. 虽然平面几何已较古老,但他对这门学科的熟悉对他以后从事机械化定理证明仍起着重要作用. 大学时期,曾留学德国哥丁根的朱公

附录1 吴文俊传略

谨(朱言钧)发表了不少译著和论文,吴文俊几乎每篇必读,这对他的早期数学思想产生了一定影响.三、四年级虽然他也听过范会国等讲授的各门分析课程(复变函数、微分方程、微分几何、变分法、积分方程)及武崇林讲授的数论、群论,但数学基础主要是靠课下自学.

1940年,吴文俊从交大毕业,由于时值抗战,因家庭经济问题而经朋友介绍,他到租界里一家育英中学工作,他不但教书同时还要兼任教务员,搞许多繁琐的日常事务性工作.这主要是由于当时吴比较害羞,不擅长讲课,授课时数不足,不得不兼搞教务工作.1941年12月珍珠港事件后,日军进驻各租界,他失业半年,而后又到另一家中学——培真中学工作,在极其艰苦的条件下,勉强度过日伪的黑暗统治时期.他工作认真,也钻研教学,比如曾反复思考换用多种方法讲授"负负得正"之类的课,还要批改作业,这些占用了他大量时间及精力.在五年半期间他竟找不到多少时间钻研数学,这对吴的成长不能不说是一大损失.

抗日战争胜利以后,他到上海临时大学任教.1946年4月,陈省身从美返国,在上海筹组中央研究院数学研究所.当时吴文俊并不认识陈省身,经友人介绍前去拜访,亲戚鼓励他说:"陈先生是学者,只考虑学术,不考虑其他,不妨放胆直言."在一次谈话中,吴文俊直率提出希望去数学所,陈省身当时未置可否,但临别时却说:"你的事我放在心上."不久陈省身即通知吴文俊到数学所工作.1946年8月起,吴文俊在上海(岳阳路)数学所工作一年多,被安排在图书室作为工作地点.这一年陈省身着重于"训练新人",有时一周讲12

Menelaus 定理

小时的课,授拓扑学.听讲的年轻人除吴文俊外,还有陈国才、张素诚、周毓麟等.陈省身还经常到各房间同年轻人交谈,对于他们产生了巨大的影响.

与陈省身的结识是吴文俊一生的转折点,他开始接触到当时方兴未艾的拓扑学,这使他大开眼界,使自己的研究方向也由过去偏狭的古老学科转向当代新兴学科的康庄大道.在陈省身的带动下,吴文俊很快地吸收了新理论,不久就进行独立研究.当时 H·惠特尼(Whitney)提出的示性类有一个著名的对偶定理,惠特尼对这个定理给的证明极为复杂,并且从来没有发表过.吴文俊独创新意,给出一个简单的证明,这是示性类第一个重要成果,现在已是经典的东西了.陈省身对此十分欣赏并把它推荐到普林斯顿大学出版的《数学年刊》(Annals of Mathematics)上发表.在数学荒疏多年的情况下,一年多时间就在以难懂著称的拓扑学的前沿取得如此巨大的成就,不能不说是吴文俊的天才和功力.

1947 年 11 月,吴文俊考取中法交换生赴法留学.当时正是布尔巴基(Bourbaki)学派的鼎盛时期,也是法国拓扑学正在重新兴起的时代,吴文俊在这种优越的环境中迅速成长.他先到斯特拉斯堡(Strasbourg)大学,跟着埃瑞斯曼(C. Ehresmann)学习.埃瑞斯曼是 E·嘉当(E. Cartan)的学生,他的博士论文是关于格拉斯曼(Grassman)流形的同调群的计算,这个工作对后来吴关于示性类的研究至关重要.同时,他还是纤维丛概念的创始人之一,他的一些思想对吴文俊后来的工作是有一定影响的.在法国期间,吴文俊继续进行纤维空间及示性类的研究,在埃瑞斯曼的指导下,他

附录1 吴文俊传略

完成了"球丛结构的示性类"(Sur leo classes caraeféristiques deo sfrucfures filréeo sphériques)的学位论文,于1949年获得法国国家博士学位.这篇论文同瑞布(G. Reeb)的论文一起在1952年以单行本出版,另外他还发表了多篇关于概复结构及切触结构的论文.在斯特拉斯堡他结识了R·托姆(R. Thom)等人.他的一些结果发表后,引起各方面的广泛注意.由于他的某些结果与以前结果不同而使霍卜夫(H. Hopf)亲自来斯特拉斯堡澄清他们的工作.霍卜夫同吴交谈后才搞清楚问题,他非常赞赏吴的工作,并邀请吴去苏黎世讲学一周.在苏黎世他结识了当时在苏黎世访问的江泽涵.他的工作还受到J·H·C·怀特海(J. H. C. Whitehead)的注意.获得学位后,吴文俊来到巴黎,在H·嘉当的指导下在法国国家科学研究中心(CNRS)做研究.这时,H·嘉当举办著名的嘉当讨论班,这个讨论班对于拓扑学的发展有重要意义.同时反映国际数学主要动向的布尔巴基讨论班也刚刚开始,当时参加人数还不多,一般二三十人.吴文俊参加了这两个讨论班,并在讨论班上做过报告.当时嘉当致力于研究著名的斯廷洛德上同调运算,吴文俊从低维情形出发,已猜想到后来所谓的嘉当公式.嘉当在他的全集中,也归功于吴文俊,1950年吴发表的一篇论文也予示后来的道尔德(Dold)流形.

1951年8月,吴文俊谢绝了法国师友的挽留,怀着热爱祖国的赤诚之心回到祖国.他先在北京大学数学系任教授,在江泽涵的建议之下,吴文俊获准于1952年10月到新成立的数学研究所任研究员.当时数学所在清华大学校园内,他和张素诚、孙以丰共同建立了拓

Menelaus 定理

扑组,形成中国拓扑学研究工作的一个中心. 不久他结识了陈丕和,并于 1953 年结婚,婚后生育有三女一子:月明、星稀、云奇、天骄,现皆学有所成. 当时国内政治学习及运动还不算太多,但还是占用了他不少时间及精力,家务琐事也使他有所分心,从 1953 年到 1957 年短短 5 年间,他还是以忘我的劳动做了大量工作. 在这段日子里,他主要从事庞特里亚金(Л. С. Понтрягин)示性类的研究工作,力图得出类似于史梯费尔 — 惠特尼示性类的结果. 但是庞特里亚金示性类要复杂得多,许多问题至今未能解决,他在 5 篇论庞特里亚金示性类的论文中的许多结果长期以来都是最佳的. 1956 年他作为中国代表团的一员赴苏参加全苏第三次数学家大会并做关于庞特里亚金示性类的报告得到了好评. 庞特里亚金还邀请他到家中作客并进行讨论.

其后,吴文俊的工作重点从示性类的研究转向示嵌类的研究,他用统一的方法,系统地改进以往用不同的方法所得到的零散的结果. 由于他在拓扑学示性类及示嵌类的出色工作,他与华罗庚、钱学森一起荣获 1956 年第一届自然科学奖的最高奖 —— 一等奖,并于 1957 年增选为中国科学院数理化学部学部委员. 1958 年他被邀请到国际数学家大会做分组报告(因故未能成行). 1957 年他应邀去波兰、民主德国并再次去法国访问,在巴黎大学系统介绍示嵌类理论达两个月之久. 听众中有海弗里热(C. Haefliger) 等人,这对他们后来在嵌入方面的工作有着显著影响.

1955 年起拓扑组开始有新的大学生来工作,在吴文俊的指导下他们开始走上研究的道路. 其中有李培信、岳景中、江嘉禾、熊金城及虞言林等.

附录 1 吴文俊传略

1958年起,国内政治形势变化激烈,吴文俊再也不能继续进行稳稳当当的理论研究工作了,拓扑学研究工作被迫中断.在"理论联系实际"的口号下,数学所的研究工作进行大幅度调整.吴文俊同一些年轻人开始在新领域——对策论中探索,在短短的两年中他们不仅引进了这门新学科,而且以其深厚的功力,做出值得称道的成果.1960年起,他担任中国科学技术大学数学系60级学生的主讲教师并开出三门课程:微积分、微分几何和代数几何,共 7 个学期.他高超的教学水平使这届学生获益匪浅.

三年困难时期科学工作部分得到恢复.1961年夏天,在颐和园召开的龙王庙会议,讨论数学理论学科的研究工作的恢复问题.1962年起,吴文俊重新开始对拓扑学做研究,特别着重于奇点理论.其后又结合教学对代数几何学进行研究,定义了具有奇点的代数簇的陈省身示性类,这大大领先于西方国家.1966年,他注意到示嵌类的研究可用于印刷电路的布线问题,特别是他的方法完全是可以算法化的,而这种"可计算性"是与以前在布尔巴基影响下的纯理论的方向完全不同的.大约从这时开始,他完成了自己数学思想上一次根本性的改变.大约同时,他还参加仿生学的研究,1971年他到无线电一厂参加劳动.

1972年科研工作开始部分恢复,同时中美数学家开始交流,特别是陈省身等华裔数学家回国,带来许多国际上的新情况.数学所拓扑组开始讨论由 D·苏利温(Sullivan)等人开创的有理同伦论,据此吴文俊提出了他的 I^* 函子理论,其显著特点之一也是"可计算性".大约同时,吴文俊的兴趣转向中国数学史,用算法

Menelaus 定理

及可计算性的观点来分析中国古代数学并发现中国古代数学传统与由古希腊延续下来的近现代西方数学传统的重要区别,他还对中国古算做了正本清源的分析并在许多方面产生独到的见解.这两方面是他在1975年到法国高等科学研究院访问时的主要报告题目.

1976年,科学研究开始走上正轨.年近花甲的吴文俊更加焕发出青春活力.他在中国古算研究的基础上,分析了西方R·笛卡儿(Descartes)的思想,深入探讨D·希尔伯特(Hilbert)的《几何学基础》一书中隐藏的构造性思想,开拓机械化数学的崭新领域.1977年他在平面几何定理的机械化证明方面首先取得成功,1978年进一步发展成对微分几何的定理的机械化证明,从此走出完全属于中国人自己开拓的新数学道路,并产生巨大的国际影响.到80年代他不仅建立数学机械化证明的基础,而且将其扩张成广泛的数学机械化纲领,因此解决了一系列理论及实际问题.

1979年以后,我国数学家的国际交往也日益频繁,吴文俊也多次出国.从1979年被邀请去普林斯顿高等研究院担任研究员起,他几乎每年都出国访问或参加国际学术会议,这对他在国外传播其数学成就起着重要作用,尤其使吴文俊机械化数学思想与中国传统数学受到国际上的瞩目.1986年他在国际数学家大会上做关于中国数学史的报告引起了学者们的兴趣.这样,在近代数学史上第一次由中国数学家领导数学新潮流,不再是沿袭他国的主题、他国的问题和他国的方法,而是越来越多的数学家向我们学习.

1980年在陈省身的倡议下,吴文俊积极参与双微会议的筹备及组织工作,从1980年到1985年共举行

六届双微会议,这对国内外数学界的交流起着重要推动作用.

1983年吴文俊当选为中国数学会理事长,他积极筹备了1985年在上海举行的中国数学会成立五十周年纪念大会.到1987年任满.

1979年夏,吴文俊、关肇直、许国志等人筹建中国科学院系统科学研究所,1980年正式成立.吴文俊任副所长兼基础数学室室主任、学术委员会主任.1983年后任名誉所长.在职期间,他对研究所的基本建设有着极大助益.1990年该所正式成立数学机械化研究中心,吴文俊担任主任.他领导的数学机械化研究小组和他组织并领导的讨论班在这一新领域已进行了相当长时期的研究,并完成了大量受国际瞩目的研究成果.研究中心成立后,学术活动更加活跃.吴文俊满怀信心地要把系统科学研究所的数学机械化研究中心发展成为国际交流的中心,吸引国内外同行为深入开展这一新领域的研究而共创业绩.

吴文俊在政治上要求进步,他在1980年光荣地加入了中国共产党.他在1978年、1983年和1988年被选为政治协商会议全国委员会委员及常委,参加民主协商,共商国策.

二、学术成就 Ⅰ

吴文俊的数学研究广博精深,涉及面很广,包括代数拓扑学与微分拓扑学、代数几何学、微分几何学、对策论及中国数学史、数学机械化理论、应用数学等领域,下面简述其主要成就.

Menelaus 定理

(一) 代数拓扑学与微分拓扑学

纤维丛及示性类理论是现代数学最基本概念之一,对数学各个领域乃至数学物理(如杨·米尔斯(R. Mills)规范场论)有着广泛地应用.吴文俊最早的工作之一就是对惠特尼的丛乘积公式给出一个完满的证明.到法国之后,在他的博士论文中,他定出各种不同示性类之间的种种关系,并得出 4 维可定向微分流形上具有概复结构的充分必要条件.这些工作主要是基于对格拉斯曼流形的细致研究.吴文俊运用当时发现还不久的更强的拓扑工具——上同调运算,特别是斯汀洛德平方 S_q——得出

$$S_q^r W_S^2 = \sum_{t=0}^{r} \binom{s-r+t-1}{t} W_2^{r-t} W_2^{s+t}$$

这一漂亮公式,其中 $\binom{p}{q}$ 为(模 2)二项系数,并证明:球丛的史梯费尔-惠特尼示性类只由维数为 2^k 的类完全决定.上述公式还被应用于解决另外一大问题:微分流形的示性类的拓扑不变性,即与微分结构无关.吴文俊通过同调性质把示性类明显表出,这就是著名的吴(文俊)公式:

设 M 是紧 n 维微分流形,全史梯费尔-惠特尼示性类 $W = S_q V$,其中

$$V = 1 + V_1 + \cdots + V_n$$

由等式

$$V \cup X = S_q X$$

唯一决定,它对所有 $x \in H^*(M)$ 均成立. 由这个公式可以使史梯费尔－惠特尼示性类的计算成为例行公事,从而导致一系列应用,例如非定向流形配边理论的标准流形(实射影空间及吴－道尔德流形)的确定. 这最终使史梯费尔－惠特尼示性类理论成为拓扑学中最完美的一章.

吴文俊的下一目标是庞特里亚金示性类,而庞特里亚金示性类的问题要难得多. 吴文俊研究时,只有庞特里亚金的一个简报(1942)及一篇论文(1947). 庞特里亚金用的是同调,吴文俊在博士论文中,首先把它改造成上同调,并对其胞腔分解等作了一系列简化. 其后运用类似庞特里亚金平方等上同调运算,先后证明模 3 及模 4 庞特里亚金示性类的拓扑不变性,并得出明显表示. 最后引入另一类 Q_p^i,证明其拓扑不变性,由此推出某些庞特里亚金的组合(模 p)的拓扑不变性.

实现或嵌入问题 —— 示嵌类. 几何学与拓扑学中最基本的问题之一是实现或嵌入问题. 初等几何学中的对象如曲线、曲面均置于欧氏空间中,往往通过坐标及方程来刻画. 而拓扑学中的基本概念如流形或复形,都是抽象地或内蕴地定义的. 是否可把它们放在欧氏空间中使我们产生具体的形象,成为子流形或子复形,这就是实现或嵌入问题. 在吴文俊的工作之前,已有范·卡本(Van. Kampen)及惠特尼等人的部分结果. 而吴文俊把以前表面上不相关联、方法上各异的成果统一成一个系统的理论. 他主要的工具是考虑一空间的 P 重约化积,利用 P·A·史密斯(Smith)的周期变换理论定义上同调类 $\Phi_{(p)}^i(x)$,他的嵌入理论的基本定理是

定理 若 x 能实现于 R^N 中,则 $\Phi_{(p)}^i(x) = 0$,

Menelaus 定理

$i \geqslant N(p-1)$.

这个定理包含以前所有结果为特例,而且不论是拓扑嵌入、半线性嵌入还是微分嵌入均成立. 由此可以推出一系列具体结果,某些结果也由沙皮罗(A. Shapiro)独立得到,但吴文俊于 1957 年又把结果扩充到处理同痕问题,特别是证明:只需 $n>1$,所有 n 维微分流形在 R^{2n+1} 中的微分嵌入均同痕,从而可知高维扭结不存在,这显示 $n=1$ 与 $n>1$ 有根本不同. 这里值得一提的是:n 重约化积的想法早在 1953 年构造非同伦型的拓扑不变量时就已得出,而且曾用于证明模 3 庞特里亚金示性类拓扑不变性,从此成为研究拓扑问题的有力工具.

1966 年吴文俊为他的嵌入理论找到了实际应用,集成电路布线问题实际上就是一个线性图的平面嵌入问题. 吴文俊运用示嵌类理论把问题归结为简单的模 2 方程的计算问题,他不仅可得出是否可嵌入的判据,而且可以指示如何更好地布线. 他的方法完全可以利用计算机计算,效率远远超过同类算法.

在苏里汶(D. Sullivan)等人工作基础上,吴文俊在 1975 年首先提出一种新函子——I^* 函子,它比已知的经典函子如同调函子 H、同伦函子 π、广义上同调函子 K 等更易于计算及使用. 对于满足一定条件的有限型单纯复形,可以定义一个反对称微分分次代数,简记为(DGA),对每个 DGA,A 可唯一确定一个极小模型 Min A 即 I^*,吴使这些定义范畴化,并指出它们的可计算性. I^* 函子不仅可以得出 H^* 及 π 的有理部分信息,而且可以得出一些复杂的关系. 对于由 X 或由 X,Y 生成的空间如 $X \cup Y, X/Y, X, Y$ 构成的纤维方

等等,用 $H^*(X)$, $H^*(Y)$ 得不出 $H^*(X \cup Y)$ 的完全信息,π 也是如此. 但对 I^* 函子这些公式均可通过明显公式得出. 吴文俊通过大量计算处理纤维方、齐性空间等典型,将这些关系写出,并特别强调其可计算性. 在 1981 年上海双微会议上,他还对著名的德·拉姆(G. deRham) 定理作了构造的解释. 1987 年,吴的工作总结在斯普林格出版社数学讲义丛书 LN1264 中,这样 I^* 成为构造性代数拓扑学的关键部分.

(二) 中国数学史

1.《海岛算经》中证明的复原

刘徽于公元 263 年作《九章算术注》中把原见于《周髀算经》中的测日高的方法扩展为一般的测望之学 —— 重差术,附于勾股章之后. 唐代把重差这部分与九章分离,改称《海岛算经》. 原作有著有图,后失传. 现存《海岛算经》只剩 9 题. 第一题为望海岛,大意为从相距一定距离的两座已知高度的表望远处海岛的高峰,从两表各向后退到一定距离即可看到岛峰,求岛高及与表的距离. 对此刘徽得出两个基本公式

$$岛高 = \frac{表高 \times 表间}{相多} + 表高$$

$$岛与前表距离 = \frac{前表退行距 \times 表间}{相多}$$

其中相多表示从两表后退距离之差.

吴文俊研究前人的各种补证之后,发现除了杨辉的论证及李俨对杨辉论证的解释之外,并不符合中国古代几何学的原意,尤其是西算传入以后,用西方数学

中添加平行线或代数方法甚至三角函数来证明是完全错误的.吴文俊对于《海岛算经》中的公式的证明作了合理的复原.吴文俊认为,重差理论实来源于《周髀算经》,其证明基于相似勾股形的命题或与之等价的出入相补原理,从而指出中国有自己独立的度量几何学的理论,完全借助于西方欧几里得体系是很难解释通的.

2. 出入相补原理的提出

吴文俊在研究包括《海岛算经》在内的刘徽著作的基础上,把刘徽常用的方法概括为"出入相补原理". 他指出这是"我国古代几何学中面积体积理论的结晶".吴文俊进一步指明,中国数学的体积求法,除了依据出入相补原理之外,另外还要提出刘徽定理.吴文俊认为自己的中国数学史的研究工作是最重要的创造性工作,并曾表示愿把证明重差术的图刻在自己的墓碑上.

(三)数学机械化纲领

吴文俊近十多年的成就往往因早期工作被狭隘地认为只是定理机器证明,而实际上这只不过是数学机械化宏伟纲领的开端.

数学机械化的思想来源于中国古算,并从 R·笛卡儿的著作中找到根据,提出一个把任意问题的解决归结为解方程的方案:

任意问题 $\xrightarrow{(\mathrm{I})}$ 数学问题

$\xrightarrow{(\mathrm{II})}$ 代数问题

附录1 吴文俊传略

$$\xrightarrow{(\text{III})} 解方程组 \begin{cases} P_1(x_1,\cdots,x_n)=0 \\ \vdots \\ P_n(x_1,\cdots,x_n)=0 \end{cases}$$

$$\xrightarrow{(\text{IV})} 解方程\ P(x)=0$$

这里 P_i 及 P 均为多项式. 现在知道, 这里每一步未必行得通, 即使行得通是否现实可行也是问题. 吴文俊的贡献在于:

(1) 提出一套完整的算法, 使得代数方程组通过机械步骤消元变成一个代数方程.

(2) 解代数方程组可扩大为带微分的代数方程组, 从而大大扩张研究问题的范围.

(3) 不仅能证明定理, 而且能自动发现定理, 这大大优越于现有的任何方法.

(4) 与许多以前的原则可行的方法相比较, 吴文俊的方法完全是现实可行的.

(5) 算法稳定, 能一举同时得出多解, 这是其他算法根本无法比拟的.

下面分述一下细节:

几何定理的机器证明于1976年冬开始研究, 1977年春取得初步结果, 初等几何主要定理的证明可以机械化, 问题分成三个步骤:

"第一步, 从几何的公理系统出发, 引进数系统及坐标系, 使任何几何定理的证明问题成为纯代数问题.

第二步, 将几何定理假设部分的代数关系式进行整理, 然后依确定步骤验证定理终结部分的代数关系式是否可以从假设部分已整理成序的代数关系式中推出.

第三步, 依据第二步中的确定步骤编成程序, 并在计算机上实施, 以得出定理是否成立的最后结论."

Menelaus 定理

1977 年他在一台性能很低的计算机(长城 203 式台式计算机)上首次按上述步骤实现像西姆松(Simson)线那样不很简单的定理的证明,并陆续证明了 100 多条定理.周咸青应用吴氏算法证明了 600 多条定理.1978 年初吴文俊又证明初等微分几何中的一些主要定理也可以机械化.其后,他把机器定理证明的范围推广到非欧几何、仿射几何、圆几何、线几何、球几何等等领域.

吴文俊的机械化方法基于两个基本定理:(1)J·S·李特(Ritt)原理;(2)零点分解定理.由于这两个定理可以推广到微分多项式组,从而用它们也可实现初等微分几何定理的机械化证明.不仅如此,它还可以用来自动发现定理以及鉴别各种退化情形,而这些退化情形在一般定理的证明中往往不予深究,因而使定理的证明并不完整.其后,吴文俊把研究重点转移到数学机械化的核心问题 —— 方程求解上来.他把李特原理及零点分解定理加以精密化,得出作为机械化数学基础的整序原理及零点结构原理.它不仅可用于代数方程组,还可以解代数偏微分方程组,从而大大扩大理论及应用的范围.一个突出的应用是由 J·开普勒(Kepler)三定律自动推导牛顿万有引力定律,这在任何意义下讲都是一件最了不起的事.在这种表述之下,自然可以料想各种应用纷至沓来:

(1)建立一系列新算法,并用来解决各种实际问题,特别是吴文俊能处理极难的非线性规划问题,从而有效解决化学平衡问题,这一问题在化学及化工方面都是最基本的.

(2)建立一系列未知关系,例如双曲几何中边长

与面积等关系的自动推导,有些即使在通常情况下也是很难得出的.

(3) 证明不等式及各种定理.

(4) 解决一系列实际问题,如机器人逆运动方程求解问题,连杆运动方程求解问题等等.

在吴文俊的总纲领之下,他的同事及学生吴文达、石赫、刘卓军、王东明、胡森、高小山、李子明、王定康等得出一系列理论及实际应用的成果,如多元多项式因子分解及极限环问题等等,可以期望未来还会有更多的应用.

从理论上讲,他用零点集的表述方式代替理想论的表述方式,这对代数几何学是一个新的冲击.这同1965年吴文俊关于一般的(有奇点)代数簇的陈类定义都是对代数几何学的突出贡献.从20世纪30年代以来,代数几何几乎完全是用理想表述的.计算机科学家也更注意理想Ideal(PS)可计算的一方面.这一研究方向的一个基本问题是:如何判定一个多项式是否属于理想Ideal(PS)? 在代数几何学中这由Gröbner基GB所解决.1988年,吴文俊找到另外一类基WB,它称为良性基,可以解决同样问题,但是计算起来容易得多.因此无论从理论上还是从计算两种角度考虑,基于零点集的研究比理想理论的论述要优越得多.

三、学术成就 II

前面已涉及吴文俊的一些学术思想,这里所讲的是带有哲学性的、对整个数学的认识方面的思想.由于现代数学过于专门及技术化,一般数学家往往谈不上有什么学术思想,只有博大精深的数学家才会从哲学的高度对数学有一整套看法.吴文俊现在对数学的确已形成比较系统的观点,但是现在的思想却不是渐进形成的而是经历过急剧变化的.以20世纪70年代初为界,吴的学术思想大体可划分为两个阶段:前一阶段主要是西方新数学(主要是以布尔巴基学派为主的思想阶段,1936~1973年);后一阶段以中国古算为楷模的构造性、机械化数学思想阶段(1973年以后).

1946年前,吴文俊已对当时新兴的数学——特别是一般拓扑学、代数拓扑学、新的实函数论(主要是测度及积分论)很感兴趣,1946年后,由于研究拓扑学以及其后赴法,直接接触当时新兴的布尔巴基学派,吴文俊的眼界被大大拓宽了.他对于布尔巴基学派的一些观点如只有一种数字、用数学结构的观点统一数学、数学结构的划分——从基本结构到混合结构等比较欣赏,并曾撰文加以介绍.回国以后,通过认真的政治学习,他的确能从《矛盾论》及《实践论》的观点来看待数学,例如他在1956年的一篇文章中指出:堆垒数论的基本矛盾是加法与乘法的矛盾等,这是非常深刻的(通常用正数和负数等去比附实在是没什么意思),他对数与形之间的辩证关系也有自己独到的见解,他对理论联系实际也有正确认识.他对新的应用数学领域(如对策论、布线问题等)不仅有兴趣,而且能抓住本质很快地深入进去做出重要成果.他对于过去所搞的一套有所批判,并开始产生构造性的想法.他对于繁琐的抽象代数不感兴趣,认为几何直观比较重要.

1970年以后特别是1974年,吴文俊真正认真钻研中国古代史的原著之后,逐步形成了自己独特的、以中

附录1　吴文俊传略

国古算为楷模的、算法的、机械化的构造性数学思想体系.他认为,中国古算有自己的系统,有自己的特色.其特征是代数化、算法化、机械化.中国传统数学虽然没有明显的体系,但却有着最基本的原理.它与西方的以《欧几里得原本》为主的演绎公理体系互相独立、东西辉映,那种简单的以西论中的做法是错误的,也是难以行得通的.从这点出发,他对布尔巴基有新的认识,即布尔巴基运动是法兰西民族的产物,是一次民族文化的复兴运动.中国也完全可以从中国古算为本,形成一个完全具有中国特色的数学机械化运动.这可以说是吴的机械化数学纲领的初衷.

从古到今,西方数学针对作为"主流"的公理化、形式化思潮时也有各种不同层次、不同形式的构造主义趋向,但这些趋向对整个数学思想影响不大,原因一方面是过于热衷于哲学上逻辑的思辨,与数学实际关系不大;另一方面是无论是文字上还是用计算机所产生的效果甚微.拿定理机器证明来说,就没有得出过非平凡的定理.西方构造主义数学的失败之处也正是吴文俊沿中国路线走成功的地方.

对于西方的一些数学观念,从新观点高度加以批判考虑,例如,对于希尔伯特机械化定理的提出,关于希尔伯特纲领及塔斯基(Tarski)纲领与吴文俊自己纲领的比较,尤其是深刻看到西方数学证明的定理缺乏完备性,对特殊情形一般不加考虑,若考虑的话,则定理不成立.

对于西方一些流行的学科及题目,吴反对盲从,特别是比较繁琐的东西以及言之无物的题材.例如计算复杂性等热门学科,吴不以为然,并对于常用的方法的弱点也明确指出,如以牛顿(Newton)法为开端的迭代法,其收敛性及稳定性都存在许多问题.

正如本书编者所指出的,数学思想方法除了指"数学本身的论证、运算以及应用的思想、方法和手段"这种狭义理解之外,还应把"关于数学(其中包括概念、理论、方法与形态等)的对象、性质、特征、作用及其产生、发展的认识"包括在内予以广义的理解.吴文俊的思想博大精深,而且还在发展,这里只能就吴文俊已经发表过的著作及演讲作一个粗略的介绍,挂一漏万在所难免.对于较专门的学科,为便于读者理解吴文俊的思想,笔者做一些通俗的解释,不妥之处当由笔者负责.

(一) 关于西方数学的思想及方法论

虽然吴文俊第一次指出存在一条与西方数学主流平行的中国式数学的发展路线,但是 17 世纪以来的数学几乎为西方数学所包办. 20 世纪 70 年代以前,吴文俊本人关于数学的思想当然也限于西方数学,20 世纪 70 年代之后吴文俊对比中国数学,对西方主流数学有更深刻、更全面的认识.西方数学有其特点也有其不足之处.

1. 数学的起源

在数学形成科学之前,数学来源于生产及生活实际,从这个意义来讲,中外数学并没有多大区别.吴认为"由于生活和劳动上的需求,即使是最原始的民族,也知道简单的计数,并由用手指或实物计数发展到用数字计数"."古代民族都具有形的简单概念并往往以图画来表示,形之成为数学对象是由工具的制作与测

量的要求所促成"."由于数学研究对象的数量关系与空间形式都来自现实世界,因而数学尽管在形式上具有高度的抽象性,而实质总是扎根于现实世界.生活实践始终是数学的真正源泉,反过来,数学对改造世界的实践又起着重要的、关键的作用."他还指出"社会的不断发展、生产的不断提高为数学提供了无穷源泉与新颖课题,促使数与形的概念不断深化,由此推动了数学的不断前进,在数学中形成了形形色色、多种多样的分支学科.这不仅使数学这一学科日益壮大,蔚为大成,而且使数学的应用也越来越广泛与深入了."吴文俊关于"史前"数学的论述不多,但他的结构也被当代的数学前史的研究所证实.最近,关于各民族文化中数学的研究都表明,数的概念形成过程大同小异,都是从一多之分到计数,只有经过长期实践摸索,才能形成比较实用的计数、位值制乃至简单的计算体系.但是关于形的概念,各民族存在一定的差异.吴文俊认为"空间或几何形态是物质存在的躯体与外壳,人类首先注意到物体的几何形态是大、小、方、圆,诸如长度、面积、相似性等等,它们由于生产上的直接需要而首先从丰富的实践经验总结上升成为理论.在古代,我国与希腊形成了都以度量性为主但各有内容特色的不同的几何体系."这里吴文俊指出最早的几何学是度量性的.他在另一文中引用恩格斯的话"和其他科学一样,数学是从人的需要中产生的,是从丈量土地和测量容积,从计算时间和制造器皿中产生的."虽然几何学从比较困难的度量开始,但人的认识却最先有拓扑的直观、原始的绘画及儿童的认识开始.吴文俊没有过多谈到数与形在史前阶段的发展,但是他强调数与形的联系导致数

学的萌芽,而且认为数与形进一步联系在一起往往是数学取得重大突破的因素.他说:"形与数这两者并不是互相割裂的,早在产生数学的萌芽时期,就通过长度、面积与体积的量度而把形与数联系了起来."

吴文俊考虑比较多的是数学已经形成后的思想和方法,但数学作为一门科学究竟何时形成,现在还是一个问题.西方数学一般公认的是随着欧几里得《几何原本》的问世而诞生.无疑它影响整个西方数学后来的发展.但是与西方数学对立的中国数学体系则以《九章算术》为代表."除个别片段外,其本内容应完成于公元前200年或更前一些."

2.西方数学的演化及其特征

吴文俊指出了跳出西方数学来看西方数学的方法.过去把西方数学作为唯一的主流数学,在西方数学内部是看不清西方数学的.现在以中国数学为参照系,从外面看西方数学就会更清楚,也可以更明确地看到其优缺点.

从数学来源的实用性、实践性来看,西方数学经历过5次飞跃,这些飞跃一方面使西方数学在理论上、方法上、题材上更为丰富,另一方面也使西方数学产生其固有的特点,如抽象性、概念性、理论性,有时脱离构造性及实践性.客观来看,西方数学的概念、方法许多是重要的、有效的,但也有不少并不是非引进不可的,有的甚至是数学游戏.只有这样的认识才能更好地分析西方数学.必须认识到,西方数学的5次飞跃是其他文化所没有的,它们形成西方数学的特征,这5次飞跃是:

(1)欧几里得几何公理体系的建立.

(2)17,18世纪数学分析的形成.

(3)19世纪数学基本概念的扩张以及各种理论的形成.

(4)19世纪末到20世纪初集合论的建立以及结构数学的形成.

(5)20世纪70年代以来数学大统一局面的萌芽.不仅是数学内部,而且与物理学、计算机科学以及其他科学的统一.

对于西方数学,吴文俊着重指出它们研究方式及题材上的不同.他写道:"至于继承了巴比伦、埃及、希腊文化的欧洲地区,则偏重于数的性质及这些性质间的逻辑关系的研究.早在欧几里得的《几何原本》中,即有素数的概念和素数个数无穷又有整数唯一分解等论断.古希腊发现了有非分数的数,即现称的无理数.16世纪以来,由于解高次方程又出现了复数."中国数学着重于计算,而西方数学着重于性质,这是两者明显的不同.西方的数学一开始就形成"对象理论",特别是素数理论,这是其他文明没有的.另外,公理方法、公理系统也是西方独有的,这是其优越之处.但是,一些特殊的概念如完全数、亲和数等无论对理论及计算都没有什么大用,更重要的是,希腊的几何代数学在进行实用计算方面有很大的局限性,这些即使不是阻碍西方数学的发展,无疑也是落后的.几何学也是如此,"古希腊的传统则重视形的性质与各种性质之间的相互关系.欧几里得的《几何原本》建立了用定义、公理、定理、证明构成的演绎体系,成为近代数学公理化的楷模,影响遍及整个数学的发展."而从某种意义上来讲,西方数学在17,18世纪的飞跃首先是破除欧几里得几何体系的束缚.吴文俊十分推崇笛卡儿的解析几

Menelaus 定理

何在西方数学发展过程中的革命作用.他写道:"17 世纪是数学发展历史上一个划时代的新阶段的开始.这一时期,创立了解析几何,又出现了变量与函数的概念,把数学中的两大基本概念——形与数——紧密地联系在一起.""笛卡儿提出了系统的把几何事物用代数表示的方法及其应用,在其启迪之下,经 G·W·莱布尼茨(G. W. Leibniz),I·牛顿等的工作,发展成现代形式的坐标制解析几何学,使数与形的统一更臻完美,不仅改变了几何证题过去遵循欧几里得几何的老方法,还引起了导数的产生,成为微积分学产生的根源.""17 世纪通过用微分表达变化与用积分表达积累,又创立了研究函数的变化与积累的微积分方法,使数学得到了一个认识自然的有力武器,面目为之一新."17,18 世纪,数学分析与天文学、力学、物理学并行发展,相得益彰,"这种帮助认识自然、进而改造自然的普遍而有力的数学方法,使相应的一些数学分支,如函数论、微分方程、数学分析等成为三百多年来数学发展的主流,构成了庞大的分析一类数学,并由于要解决有关问题而促使一些新的数学分支——如微分几何学、拓扑学、泛函分析、计算数学等的出现与迅速成长."值得注意的是此期间数学主要方向是分析的、算法的、实用的,与欧几里得传统并不一致.牛顿的英国后继者坚持其几何方法的方向,很明显走向一条死胡同.而笛卡儿、牛顿、莱布尼茨等人的创造正是对欧几里得几何的否定.当时对严格性也要求不高,在基础问题上有许多矛盾,数学的"对象理论"无论是数论还是几何(除有实用价值的,如微分几何)都进步不大.

通过欧拉及拉格朗日的努力,在 18 世纪初还在用的几何方法逐步被他们的分析方法所取代,而这正是欧洲大陆数学遥遥领先于英伦三岛的数学的原因.在当时,分析及代数的差别并不大,如果说有差别的话,那就是代数是有限的运算而分析则是无穷的运算.它们都是建立算法,可以说是构造性的数学.他们之所以还不能说是机械化数学,完全是因为还不能以有限步骤来实现.这个过程中无穷级数是主要工具,通过幂级数形式解微分方程占有主导地位,要想近似计算只是把尾巴舍去.在当时,零散的事实很多,并没有系统的理论.例如函数并没有一个明确的概念,当然谈不上函数论.函数只是一些可计算的表达式,超越函数往往用无穷级数、无穷连乘积与无穷连分式表示.对它们只是进行机械的运算.这可以说是机械化思想占主流的时代.这时的数学与自然科学与工程实际也是密切结合在一起的.

(1) 19 世纪,数学产生新的突破,其中包括:数学研究对象的扩大.

① 数的概念的扩大产生负数、虚数、无理数、复数乃至四元数、八元数等.从复数中分出各种代数数以及超越数;量的概念扩大产生向量、张量等.从这些概念出发出现新的代数及分析领域.

② 演算对象的产生与扩大."对代数方程解的性质的探讨,则从线性方程组导致行列式、矩阵、线性空间、线性变换等概念与理论的出现;从代数方程导致复数、对称函数等概念的引入以至伽罗瓦理论与群论的创立.而近代极为活跃的代数几何,则无非是高次联立代数方程组所构成的集体的理论研究."

③ 形的概念的扩大.几何对象一直是三维空间内

的图形,特别是曲线和曲面,黎曼把几何对象推广到 n 维空间,而且进一步推广到流形. 另一类推广是以线、圆、球为元素的几何学.

④ 函数概念由特殊函数扩大为一般函数,19 世纪由椭圆积分的反演产生椭圆函数,后又推广到超椭圆函数、阿贝尔函数,从而代数函数论得到蓬勃发展. 一般函数论在 19 世纪后期全面开展起来.

(2) 从不同观点不同途径发展数学. 在几何学方面,由于方法不同,有解析几何学及综合几何学的论战,前者又演化为代数几何学及微分几何学(无穷小几何学),后者随变换不同而有欧氏几何学、仿射几何学、射影几何学、反演几何学、共形几何学之分. 从公理的研究出现各种非欧几何学,包括双曲几何学(罗氏几何学)及两种椭圆几何学(黎曼几何学),以及非阿基米德几何学等. 代数几何学的研究随研究方式不同而有算术方向、函数论方向、代数几何方向、几何方向等各不相同的方向,它们虽然研究同一对象,但各有自己的一套术语与方法,彼此之间不易讲通. 而微分几何学又有整体和局部之分,这就使得 19 世纪的数学文献一大半是涉及各种各样的几何学的. 另一方面,这些几何学也不是完全互不交叉,它们的交叉及混合更使几何趋于多样化,例如从微分几何构造非欧几何模型,从射影几何观点来研究非欧几何对于非欧几何学的发展都产生巨大推动作用.

在函数论方面,为了建立复变函数论,柯西、黎曼、魏尔斯特拉斯是沿着三条不同的方向来发展的. 柯西的研究方向可以称为分析的方向,他着重于计算积分. 黎曼的研究方向可以说是几何的方向,他的着重点是建立黎曼曲面的拓扑理论,以及研究保角映射,他促成了代数几何的发展.魏尔斯特拉斯的研究方向可以说是函数论方向,他的主要工具是幂级数,他促成了现代函数论,如整函数、亚纯函数理论等.这三个方向到19世纪末才归于统一.

(3) 数学严密性的追求与建立."到了19世纪,数学家已越来越感到谬误与正确对阵的局面之无法容忍,许多概念必须澄清,数学也必须置于严密基础之上."到19世纪末,对于级数的收敛与发散、函数级数的一致收敛、函数的连续与可导、微分与积分乃至无理数与实数的概念,都有了比较严格的认识,几何学基础与分析的算术化成为当时数学的基石.至此经典数学的大厦可以说正在建立起来.

(4) 数学统一性的追求与建立."为了要使庞大的数学知识变得简而且精,数学家们经常依据数学各领域间潜在的共性提出统一数学各部分的新观点新方法来."应该说,19世纪以前的数学存在着严密性问题但没有统一性问题,正因为19世纪数学题材的多样性,产生了这个统一性问题.在19世纪后期,德国厄兰格的数学家克莱因提出用"群"的观点来统一当时杂乱的各种几何学的方案,迄今称为"厄兰格计划".克莱因利用"变换群"及"不变性"的观念成功地统一当时大部分几何学,这也是19世纪最重大成就之一.但群的观念实际上在当时已联系到数学的各个方面,它不仅通过伽罗瓦理论与代数方程论联系起来,而且通过自守函数论与分析(包括函数论及常微分方程)联系起来.另外李研究连续变换群也是为了研究偏微分方程.戴德金及希尔伯特都有意识地把群的概念引进代数数论中,这些都说明 19 世纪末,群的概念已居于经典数学的中心.

19 世纪末,随着经典数学的成熟,数学又产生新的突破.这是由于"从 19 世纪中以来,主要在一些德国数学家的倡导之下对数学进行了一场批判性的检查运动.这些运动不仅使数学奠定了严实的基础,并产生了公理化方法、一些集合论、实变函数论、点集拓扑学、抽象代数学等新颖学科."特别是,数学推理本身的分析与形式化产生了一门影响巨大的学科"数理逻辑".同时"也产生把数学看作一个整体的各种思潮和数学基础学派.特别是 1900 年 D·希尔伯特关于当代数学重要问题的演讲,以及 20 世纪 30 年代开拓以结构概念统观数学的法国布尔巴基学派的兴起对 20 世纪数学发展的影响至深且巨."这次突破的顶峰是布尔巴基学派(详见下节),它给数学带来许多前所未有的内容,特别是以结构为中心的大量抽象数学,大大超出以物理空间为基础的几何学和以实数、复数为基础的代数及分析的范围,通过公理的增减就可以任意创造出新的数学对象,而对它们结构及性质的研究更是没完没了,许多问题穷个人的一生也未必有多少成就,有些根本就是不可解问题.因此许多数学家就产生单靠数学自身内部问题就可以发展数学的想法,这使得数学更加脱离实际,甚至各数学分支也互不相干.数学成为大量的孤立分支的松散集合,这些都有悖于统一数学的初衷.

近几十年,西方数学出现新的统一的萌芽,特别是纤维丛与规范场、孤立子与代数几何、算子代数、扭结与统计物理等等都以以前难以想象的方式结合在一

起,一些原来孤立的数学分支现在也相互关联,形成一种新的大一统格局. 这与吴文俊的"数学的外围向自然科学、工程技术甚至社会科学不断渗透、扩大并从中吸取营养,出现一些边缘数学. 数学的内部需要也滋生了不少新的理论与分析. 同时其核心部分也在不断巩固提高并有时做适当调整以适应外部需要. 总之数学这棵大树茁壮成长,既枝叶繁茂,又根深蒂固"的说法是完全符合的.

3. 布尔巴基学派

布尔巴基学派是对现代数学影响最大的学派,由一群法国青年数学家在 20 世纪 30 年代自发组织起来的. 他们在数学中第一次明确地提出"结构"的观念,并且在结构这个统一的观点之下整理全部数学,同时通过集体和个人的工作,极大地丰富了数学的内容,开辟了许多新方向. 从方法论上来看也有着极为重要的指导意义,对于纯粹数学的发展有着长足的影响.

吴文俊可以说是国内最先接触布尔巴基学派并受其影响的数学家. 布尔巴基学派在战后处于鼎盛时期,对于战后的数学有着举足轻重的影响. 特别是 20 世纪 40 年代末到 70 年代初,主要的数学突破大都与布尔巴基的影响有关. 应该说布尔巴基学派在当时代表比较先进的思想. 而吴文俊在国外和 20 世纪 60 年代以前在国内的工作,都是同布尔巴基学派的思想影响分不开的. 1951 年,吴文俊还在国外时,曾写"法国数学新派 —— 布尔巴基派"一文(载《科学通报》1951 年第 4 期),这是国内最先介绍布尔巴基学派的著作. 1963 年吴文俊在数学研究所演讲,再一次介绍布尔巴基学派. 不过,由于种种原因,布尔巴基学派的思想始终没能在国内生根.除了拓扑学以外,受到布尔巴基学派思想影响的主流数学——代数几何、代数数论、李群及代数群理论、复解析几何学、同调代数学、算子代数等距国际水平尚有颇大差距.

吴文俊在1951年的文章中写道:"近20年来法国有一部分青年数学家以N·布尔巴基为名,兴起了对数学的一种革新运动,数学发展到了20世纪分支越趋复杂,曾有人认为数学已划分为许多不同的领域,各有各的特点和界限,仅有少数路径可以互相沟通.学者们终其一生,只能在一隅之地作狭而深的研究,要懂得全部数学已不可能."但布尔巴基却抱着极大野心想用统一的方法和统一的观点冶数学全部于一炉.他们认为到了目前,数学在表面上虽然部门增加、方向繁多,事实上却比以前更加统一.因此法文的数学原名les mathématiques(多数),布尔巴基派把它改成la mathématique(单位).

为此,布尔巴基派创造了"构造"(Strutures)一词,统一了数学研究的对象.所谓构造,可以说是表示一个集合中各元素之间的关系而把他们组织起来的一种方式.试举一切实数所成的集合 **R** 为例,在 **R** 的各元素——实数——之间存在着下面三种关系:(1)实数可按大小排列;(2)任两实数可以相加相乘以得另一实数;(3)一串实数有时用极限值把这种关系抽象化,可能得到集合的三种构造:

① 序次构造.两个元素间可有某种关系">"满足下列条件:如 $a>b$ 及 $b>c$,则 $a>c$.

② 代数构造.有一种或数种满足适当条件的结合(或运算)方法可从两元素得一第三元素,视所加的条

件不同可得不同的代数构造如群(Groupes)、环(Anneau)、体(Corps)等,上面所说的实数集合 R 是一个"体".

③ 拓扑构造.在原来的集合中有满足适当条件的一组部分集合,由此可导出极限和连续等观念.有了拓扑构造的集合称为空间(Espace).

上面屡次提到的"条件"一词,在数学上称为公理(Axiomes).

在布尔巴基派的分析之下,数学无非是许多简单与复杂,普遍与特殊的种种构造的研究.上面所说的三种构造可以说是数学的"基本构造".在一个集合里面同时讨论几种不同的基本构造,用若干公理把它们联系起来,则可得到比较复杂的"联合构造".例如实数集合 R 即是序次、代数、拓扑三位一体的一种联合构造. Lattice(格)可以看做既有序次又有 $\cup$, $\cap$ 两种结合方法的一种序次和代数的联合构造,研究这一类构造的数学部门就叫作 Lattice Theory(格论).同样,研究代数与拓扑的联合构造叫拓扑代数.在一个空间的某种部分集合间定义种种结合法则的研究叫作代数拓扑学.若把所讨论的集合加以明确的规定,则我们又可得到特殊的数学部门如实变数或复变数函数论等,那时候的集合是实数集或复数集,不再是任意的集合了.总之,"数学建筑就如一座城市以三种基本构造为中心,以各种联合构造为郊外.它的中心时时在重建与改造,它的效外则不断膨胀与扩展."

吴文俊在工作中也受到布尔巴基学派关于结构思想的影响,对于整个学派从前人特别是庞加莱及 E·嘉当继承下来的先进思想,通过 E·嘉当及埃瑞斯曼的工作,成为吴文俊早期工作的主要方向及推动力,使它们居于世界的前列.

近年通过中国数学史的研究及机械化数学思想的开拓,吴文俊对布尔巴基学派不仅有着更全面的认识,而且得到新的启示.

"布尔巴基举办了若干对全世界数学发展有重大与深远影响的活动.其一是《数学原理》全书的编写,其二是布尔巴基讨论班的设立."

"布尔巴基集体提出了用结构这一概念来贯穿整个数学,并着手编写《数学原理》,从无结构的集合论与具有最基本结构的实数论开始,依次进入结构不同逐步丰盈的各个领域.这部鸿篇巨制不仅对数学的发展有巨大的影响,而且给法国数学界带来了极高的声誉."

"博与精难以得兼.数学家为自己所从事的课题研究已耗费了大部分精力和时间,对与研究课题无关的领域往往无力涉猎.布尔巴基讨论班的设立恰好弥补了这一缺憾.这一讨论班实质上是一种数学动态讨论班,报告的内容并非个人的研究成果,而是介绍国际上当前某些重大发现,该讨论班一年举办三次报告会,每次约三天.报告人在报告时往往融合自己的思想和创见,由于其内容的精辟,影响已远远越过了法国国界.历届讨论班都编印报告论文集刊行,这也成为数学上创新的重要源泉和全世界各个不同领域中的数学家共同的重要参考文献."

"布尔巴基学派对青年一代的培养极为重视. 20世纪50年代以来,布尔巴基影响已波及整个数学界.青年数学家纷纷将布尔巴基奉为圭臬,以《数学原理》为学习基础,钻研布尔巴基学派的著作,追随他们提出的研究方向,接受他们的结构思想,推行他们倡导的公理化体系.这些虽然都是布尔巴基学派的伟大业

绩,但还仅仅是其外部表现,不足以说明其精神实质. 笔者在国外曾遇到一位第三世界数学家,他说了这样一句话:'布尔巴基是法国民族精神的产物.'此语可谓一针见血,这位数学家口中的布尔巴基,才是真正的布尔巴基."

"进入 20 世纪后,与德国相比,法国数学研究的范围日益显得有些偏狭,缺少新的思想. 函数论向来是法国数学的一张王牌,但到 20 世纪 30 年代,J. Hadamarl, E. Borel, E. Pieard, P. Montal, G. Julia, G. Valiron 等的光辉成就已成强弩之末,难以为继,他们的方向也不再像过去那样在整个数学王国中占核心地位,法国数学已濒临丧失过去二百多年来国际领先地位的境地,而且与周围各国的差距颇有扩大之势. 在这样的形势下,法国一些有才华的年轻人创立了布尔巴基学派,经过数十年的惨淡经营,终于使法国数学重新占领世界舞台的中心. 在构造概念下对全部数学的统一处理、《数学原理》全书的编写、布尔巴基讨论班的创立、对青年一代的培养,凡此种种,都无非是在以复兴法国数学为历史使命这一指导思想下产生的数学思想与具体措施. 当年都是二十多岁的年轻人,如今都已耄耋老矣,有的已经故世. 近年来,布尔巴基影响已见衰退,人们对他们的思想与体系也颇有争议,并不时受到非议,其成功确也有一定的范围和局限性. 但是他们为重振法兰西精神所作的努力,不仅对法国人民是可贵的,也可供其他各国人民借鉴与学习. 我们要向布尔巴基学派学习的,不在于他们在各个领域取得的各项特殊的成就,也不在于他们的时有争议的思想体系. 这些都在可学可不学、可从可不从之间. 真正值得我们学习的乃是他们这种可贵的精神."

吴文俊对布尔巴基学派的分析真可以说是十分中肯的,尤其重要的是,他把它看成一种民族数学复兴运动. 他认为正是这一点"为我们提供了一个良好的榜样."而对中国数学工作者来说,我国数学"不仅是振兴问题,而且还有一个复兴的问题."而吴文俊本人正是这次复兴运动的旗手.

4. 数学的一般方法论

吴文俊在思想上受过各种先进思想的影响,并且总能同他的数学实践相结合. 现在很少有人知道,当时以卓越的数学成就获得中国科学院自然科学一等奖的吴文俊在《自然辩证法研究通讯》创刊号上发表过一篇"数学的方法论"的文章,文章不长,还不到一千字,却思想深刻,今天读起来还觉得很新鲜,很有启发性,对研究吴文俊后来思想的发展也有一定的启示.

"数学中的方法可以认为在数学这一部门中发现或提出矛盾、处理矛盾以及解决矛盾的方法. 就数学中已经出现或已认识到的矛盾而论,牵涉到数学各方面的,如离散与连续的矛盾、连续与微分的矛盾、特殊与一般的矛盾、具体与抽象的矛盾、有限与无限的矛盾、局部与整体的矛盾等等. 这些一般性的矛盾在数学的各个分支中又常以特殊的姿态出现,例如离散与连续的矛盾在庞加莱创立的组合拓扑学中即以空间的拓扑构造(连续的)与复合构造(离散的)之间的矛盾形式出现. 同时在各分支中也有各种带有特殊性的矛盾,例如堆垒数论中加法与乘法的矛盾等. 这些矛盾往往仅在较简单的情形下获得部分解决,例如前面提到组合拓扑中的基本矛盾时,在有关同调论者虽已大体上解

决,但其一般情形归结为拓扑的所谓'主推测'问题现尚无解决之道可寻.总之,在数学中出现的形形色色的矛盾尚缺少总的认识,需要系统的整理与分析."

"数学在发现与解决矛盾的方法上,实质上与其他科学部门的方法有不少雷同之处,尽管在外形上大相径庭.另一方面,作为数学这一特殊的部门也应该有它特殊的一面,特别提出的是数学的演绎推理与公理法作为一个数学中的方法,究竟应如何认识与估价,以及在不论提供矛盾的发现与暴露上,或其提供解除矛盾的线索上,其具体的作用如何,都有待于明确."

"在这些问题的研究上,如果与数学史的研究相结合,从对数学家在各数学部门中工作的具体分析入手,是比较具体可行的一个办法."

吴文俊对数学中的矛盾的认识,决不局限在初等数学水平引经据典,而是实实在在的对当代数学进行分析.例如他提出在同调论大体上已解决的矛盾,对于复合形情形的"主推测"就尚未解决.历史证明了他预测的发展路线.20世纪60年代"主推测"得到圆满解决."主推测"解决之后,又有新的矛盾(更深刻的矛盾)、更难的问题(如同伦问题)等待解决,数学就是这样不断深入地发展下去.

吴文俊本人也不断从数学实践中发现矛盾、处理矛盾以及解决矛盾.作为解决矛盾的第一步,有意识的二分法是极为重要的.在拓扑学研究实践中,同伦及非同伦的差别很重要,吴文俊就有意识地区分这两种不变量(见后).这里我们列举另一些与吴文俊思想发展有关的矛盾:

数 —— 形
内源数学 —— 外源数学
纯粹数学 —— 应用数学
公理方法 —— 构造方法
以公理化思想 —— 以机械化思想为主
为主的演绎倾向　　的算法倾向
以《几何原本》为代 —— 以《九章算术》为代表
表的西方数学　　　　的中国数学
定理求证 —— 方法求解
证明 —— 计算
形式证明 —— 构造性证明

以上这些对矛盾,吴文俊都进行过详细的阐述.至于当代数学中整体与局部、连续与离散、线性与非线性、等式与不等式、拓扑光滑与分段线性、光滑与解析、解析与代数等等矛盾都是时时要遇到的.另外矛盾的转化往往促使数学取得进步,而矛盾双方的割裂往往使发展停滞.如他一贯认为数与形的结合大有裨益,而这正是中国传统数学的特色.

另外,他还从矛盾来分析数学发展的动力:"在数学的萌芽时期,数学的发展主要是由于外力的推动,但此后内部的要求日益显得重要,特别是数学中的演绎推理、公理法的形成以及逻辑上严密性的要求,往往可以提供一些新的问题.Лобачевский 的非欧几何的发现是一个特殊的例子.但即使在现在或在将来,外来的需要仍将是数学的重要推动力,数学仍将像 18,19 世纪时那样,不断从自然界中以及工程技术中吸取新的血液.在数学发展过程中,这些内在矛盾与外在矛盾的相互关系与相互影响,特别是外在矛盾须通过内在矛盾来实现这一语,在数学这一具体部门中的具体体现如何,也还需要阐释."

在数学实践中,吴文俊用得多的还有推广一般化与特殊化典型化的方法.这是数学中最常用的一般方法.从宏观讲,在形形色色的数学中,数学家总在寻求统一数学的基础;从具体问题讲,数学家总寻求把他的结果及方法推广到尽可能广泛的领域,使之能涵盖所有往往互不相通的特殊情形.吴文俊示嵌类的研究就是这种方法的代表.而在具体运算过程中,往往归结到典型对象上,这些典型对象具有某种万有(Universal)性质,把它的关系搞清楚,其他问题也就迎刃而解了.吴文俊关于示性类的工作用到这种方法.这一对一般方法在吴文俊关于机械化证明的研究中更是几乎处处都离不开.作为一般科学方法的分析与综合、演绎与归纳、抽象化与具体化等方法,吴文俊也在各处运用.例如,西方数学进入结构数学时代,研究抽象群、一般流形等抽象对象,这些通过公理的抽象是必要的,但是研究起来就不易着手,也不易同比较现实的对象联系在一起,因此,数学中对抽象对象有所谓实现问题,对于抽象群有所谓线性表示、置换表示,对于流行研究嵌入问题、上同调类通过微分形式来表示等等.对于数学的两种主要思想,吴文俊指出"作为数学的两种主流的公理化思想与机械化思想,对数学的发展都曾起过巨大的作用,理应兼收并蓄,不可有所偏废."他的整个工作都贯穿着这一思想,甚至在布尔巴基学派占统治地位的时候,他也没有忽视构造的、可计算的倾向.而近十几年来更是义无反顾地发展构造性的思想方法,形成数学机械化体系.

5. 关于拓扑学的思想方法

(1) 拓扑学研究什么？19 世纪以前的几何学，通过代数方法和分析方法，对图形的性质研究得十分精细，也就是每一点的位置、每一点的性质都能精确地表示出来. 但是在实际问题当中，许多问题无需那么精细或者也达不到那么精细. 例如，地球的形状说是球形，实际上有山有谷，坑坑洼洼，不是一个光滑的圆球，这并不影响地球从整体看是球形的结论. 又如在电流产生的静磁场中，只要曲线中没有电流存在，沿着一条闭曲线的磁场强度的积分总等于零. 这个积分与闭曲线究竟是圆，还是椭圆，还是弯弯曲曲的闭曲线没有关系，也就是说只与曲线的拓扑性质有关. 所谓拓扑性质就是几何图形在弯曲、变形、拉大、缩小下仍然保留的性质，只是在这种变形过程中原来不在一起的点不能粘在一起，原来在一起的点也不能断开，也就是图形变换前后每点附近的点在变换后仍然在该点的附近，这种变换就是连续变换. 当一个变换和它的逆变换都是连续的一一对应，就称为拓扑变换或同胚. 拓扑学就是研究图形在连续变换下的不变性质. 同时，图形之间的连续映射也是拓扑学的主要研究课题，构造特定的映射以及判别两个映射可以相互变形是其中主要问题.

(2) 拓扑学的对象. 拓扑学的对象是拓扑空间，但是这个概念过于宽不易下手，因此近百年来拓扑学的研究对象主要是流形及复合形(简称复形).

流形这个概念黎曼在 1854 年就已经引进，他的观念是从物理上来的，曲线可以看成点运动的轨迹，曲面可以看成曲线运动的轨迹，这样下去，$n-1$ 维流形运

动的结果就成为 n 维流形. 1895 年庞加莱在引进拓扑学的同调概念的同时,也引进了流形的概念. 他的办法并不新鲜,是在 n 维空间中用 P 个方程来定义的(如果有边界的话,再加上一些不等式),满足这些方程的点的集合就是流形. 从拓扑学的角度来看,这种定义太细微了. 比如说,一个足球,你踢上一脚或踩它一下,它的方程马上就改变,但只要足球不破,它的拓扑性质并没有变化. 另外,这种定义还要依赖于它所在的 n 维空间,每次研究都要拿个"容器"把它装在里面,实在是多此一举. 因此,我们希望用"内在"的性质来定义微分流形. 外尔(H. Weyl)首先在他 1913 年出版的名著《黎曼面的观念》中给出一维流形的内在定义,这种定义后来成为微分流形定义的标准. 为了理解这个定义,我们可以举一个简单的例子:自行车内胎可被看成一个标准的环面,这可以通过一个圆周环绕一个点走一个圆周而生成,这是黎曼的想法. 也可以通过三维空间的方程来定义,这是庞加莱的想法. 现在"内在"的定义大致是这样的:新车胎是完完整整的一个好环面,在骑的过程中难免出现破洞,有了破洞就要补,补的时候大都用一块圆皮,这块圆皮不仅把洞补上,也把洞口旁边都给覆盖上. 假如旁边再破一个洞,补这块洞的圆皮和原来那块圆皮就会有互相重叠的地方,如果这内胎用久了,就有可能每个地方都重叠着圆皮,这种内胎骑起来和没有补过的内胎也还是差不太多,它仍旧是一条内胎,但是已经成为(有限多块)互相重叠的补丁(圆皮)的集合了. 我们描述内胎也就只需要了解:① 补丁是什么;② 补丁是怎样相互重叠的. 这样就不必管它外围空间是什么,也不必考虑它的定义方程了.

这样一来，流形从局部看来（就和补丁一样）都差不多，差别只是它们相互重叠的方式．比如你用几块补丁补满一个球，和用同样这几块补丁补满一条内胎，补丁和补丁之间从整体上看，它们的连接方式是不会一样的．

  复形的概念是庞加莱用组合方法研究拓扑学的过程中得到的．很早以前人们就知道多面体可以分解为点、线、面、体，他把这些元件标准化，点还是点，线还是线段，面是三角形，体是四面体，这些分别称为 0 维，1 维，2 维，3 维单形．单形概念推广到 n 维，然后他把复合形定义为一些单型通过一些合法的方式组合在一起的对象．把一个图形分解为单形的总合，而且这些单形构成一个复合形时，我们就称把这个图形进行了"单形分解"成三角剖分．流形一般都能进行三角剖分，这样通过单形分解就是研究流形的好方法，这就是组合拓扑学的方法．复合形的空间称为多面体．除了单纯复合形之外，常研究的有胞腔复合形、$\overline{CW}$ 复形、半单纯复合形等等．拓扑学中常见的标准的研究对象，除欧氏空间之外，有球面、环面、透镜空间、各种李群及其齐性空间（包括格拉斯曼空间）以及纤维空间等．更一般的空间还可以通过各种构造法（如乘积）造出来．

  与过去几何学的情况稍有不同的是，拓扑学不只是研究类似曲线、曲面那样的实体，如拓扑空间、流形、复合形等等，同时还研究它们彼此之间的映射，对于拓扑空间，映射研究的主要是连续映射，对于光滑（微分）流形，主要是光滑（微分）映射，对于复合形则是单形映射及胞腔映射，而复合形相应的多面体之间映射有

时称为分段线性映射. 对于各种对象连同相应的映射, 形成范畴, 范畴之间的映射形成函子, 这些构成拓扑学最一般的研究对象.

(3) 拓扑学的主要问题. 要讲清楚拓扑学的思想方法, 首先要明确拓扑学的主要问题, 正如一般结构数学乃至经典数学一样, 拓扑学有四大类问题:

① 刻画问题. 即图形及映射拓扑性质的刻画. 图形的几何性质有许多属于度量性质, 如长度、面积、曲率等在连续变形之下就会改变, 这些就不属于图形的拓扑性质的范围. 我们必须找出图形, 在连续变换之下的那些性质, "通过引进一些数 (如贝蒂数) 或代数系统 (如同调群, 同伦群等) 来表达拓扑空间的连续性与连通性, 然后用代数方法对这些数与代数系统进行分析而获得拓扑空间几何性质方面的信息." 为此, 我们必须首先找出拓扑不变量, 找出不变量之间的关系, 对于给定的图形算出其各种不变量. 例如球面和正多面体的表面从拓扑上讲是一样的, 而对于多面体的表面我们有欧拉公式: 顶点 $V-$ 棱数 $E+$ 面数 $F=2$. 我们称多面体表面的欧拉－庞加莱示性数 x 是个拓扑不变量. 换句话说, 一个封闭 2 维曲面同胚于 (拓扑等价于) 球面当且仅当 $x=2$. 图形的拓扑不变量有维数 n, 欧拉－庞加莱示性数 x, 贝蒂 (Betti) 数 $b_0, b_1, b_2, \cdots, b_n$, 挠系数 $t_1, t_2, \cdots, t_{n-1}$, 基本群 π_1, 同调群, 上同调环, 同伦群等等. 对于复杂的拓扑问题, 这些不变量往往不够强, 因此寻求更强有力的拓扑不变量或者通过更一般的途径加以推广是研究拓扑学的重要方向. 1947 年斯廷洛德引进平方 S_q 运算, 后来又有各种推广, 这些不变量显示很大的优越性. 另外, 现在已知的拓扑不变

量大都是同伦不变量,这样就很难把较粗的同伦性质及较细的拓扑性质区别开来.所以找到更一般的非同伦不变的拓扑不变量是非常重要的任务.

有了拓扑不变量,拓扑学家必须研究它们之间的关系,设法构造、表示和计算它们,许多具体结果都有赖于具体得出这些不变量.实际上计算问题极为困难,因此构造方法、计算方法及可计算性的研究对拓扑学至关重要.吴文俊在整个拓扑学的研究中都贯穿这些思想.

② 分类问题.对象的分类在历史上也有过多次,以解析几何中曲线的分类为例,一般分类是多步进行,逐步由粗到精.初步分类也是最粗的分类,是分为代数曲线与超越曲线,前者是 x,y 之间的关系可用多项式表示,后者则不行.这可以说是二分法阶段.进一步分类是代数曲线按照曲线不可约方程的阶段,对于实代数曲线这比较简单,分为一阶、二阶、三阶……曲线就行了.再分类就是对于每一阶曲线更精细地分类.古老的办法就是通过适当变换在同阶曲线当中划分等价类,凡是可以通过某种变换两条曲线可以彼此互换时,它们就称为等价,就可以把它们划成一类.如果每一类都可以通过变换的不变量定出来,且都有化成标准形式,那么在这种变换下的分类即可完成.这可以称为变换分类阶段,由于变换由一般到特殊,分类也逐步由粗到精.对于一阶、二阶、三阶、四阶实代数曲线分类已经完成.三阶曲线的分类由牛顿、欧拉等大数学家的参与经过长期努力未完成,可见其工作并不简单.

类似的对象分类还有二次型的分类,所谓型即齐次多项式,也译成齐式、形式等.型的自然分类可以按照变

化元数目、多项式的次数以及系数域来划分,最简单的整系数二元二次型的分类是高斯数论工作的重大成就.

对于拓扑学,分类的难度就要大得多,甚至根本不可能,拓扑空间就是这样.问题是这样的,两个拓扑空间如果同胚,我们就把它们划为一类,也就是拓扑上不加区别,分类问题也就是把所有的拓扑空间按照同胚关系划分为若干类,同类的彼此同胚,不同类的互不同胚.要想完成分类问题,通常是寻找刻画拓扑空间的全组不变量,也即如果所有的不变量都一样,则两拓扑空间同胚.为了使分类可行,一般采取两种办法:一是限制被分类的对象;一是粗分类.当对象限制到一定情形,完全分类就有可能,例如二维定向闭曲面的全组不变量只有欧拉－庞加莱示性数 x,由此,由 x 值不同,得出二维定向闭曲面的完全分类.

③ 结构问题.拓扑学中研究的图形主要是拓扑空间,它具有拓扑结构.对于更具体的研究对象,它们往往存在更精致的结构.对于流形来讲,局部是欧氏空间中一块开集,两块开集重叠时如果通过连续映射来实现,就称为拓扑流形,如果通过光滑映射来实现,就称为光滑或微分流形,这时我们称流形上有微分结构.偶数维流形上还可能有近复及复结构以及其他的结构.流形上还可能有一些向量场及张量场.这些都导致纤维丛概念的产生.纤维丛大致是流形上每一点有一相同的空间,在开始时是球面,流形上每点的球面放在一起,经过一定的组织,称为球丛.球面称为纤维.流形上纤维丛的不同反映流形上某种结构的存在及差异.研究结构的存在与否及其区别就变成研究纤维丛的分类问题,纤维丛的分类又可以归结为示性类的不同.

20 世纪 40 年代已知微分流形上有史梯费尔－惠特尼示性类、庞特里亚金示性类、陈省身类. 这些示性类对于研究流形的拓扑性质及几何性质至关重要.

④ 实现问题. 数学研究对象大都是抽象概念如群、拓扑空间、流形、复合形等. 但是，从历史上看，它们又都来自具体事物或比较具体的概念,"一个自然引起的问题是：如何能把'抽象'概念与'具体'事物恒同起来. 这样一个问题的正面答案,我们称之为'实现'定理或'嵌入'定理,许多几何学中的基本定理正是属于这样一种性质." 拓扑学中研究最多的图形——拓扑空间、复合形及流形等都是从内在定义的,也就是摆脱掉外边的空间或者方程的表示方法,但是细加分析,总可以在欧氏空间中找到它的一个比较"具体"的形象. 吴文俊把他研究的归纳为三个问题：

"问题 Ⅰ(空间的拓扑实现) 一个拓扑空间可实现为 N 维欧氏空间中的拓扑子空间的条件为何？

问题 Ⅱ(复形的半线性实现) 一个复形具有割分可实现为 N 维欧氏空间中的欧氏复形的条件为何？

问题 Ⅲ(微分流形的微分实现) 一个微分流形可实现为 N 维欧氏空间中的光滑流形的条件为何？"

当然这种实现是比较具体的,更一般来说,还可以考虑一个空间 X 到另一个空间 Y 中的实现,这也是吴文俊研究问题的出发点.

(4) 吴文俊研究拓扑学的思想方法举隅.

① 吴文俊能及时利用更强有力的工具解决问题. 平方运算等一出现,他就注意研究其间的关系,发现所谓嘉当公式,这大大有利于其实际计算及使用. 吴文俊通过史密斯(P. A. Smith)周期变换理论,得出一组下

同调运算,与斯廷洛德幂实际上等价,但便于处理.

② 吴文俊有意识地注意非同伦的拓扑不变量的构造,他提出一个普遍构造这种类型的不变量的一个方法,对于任意空间 X,构造 X 的 n 重拓扑积 X^n,对于 $\Delta_X = \{(x, x, \cdots, x)\}$,把 $\widetilde{X}_n = X^n - \Delta_X$ 称为 X 的 n 重约化积,$\widetilde{X}_n$ 的同伦型是 X 的拓扑不变量,但一般不是同伦不变量,特别是 $\widetilde{X}_n$ 的所有同伦不变量也都是 X 的非同伦的拓扑不变量,当 X 是有限多面体,这些不变量都是可以计算的. 同时 Δ_X 在 X^n 中的"管形"的同伦型及所有同伦不变量也是 X 的非同伦的拓扑不变量. 这些不变量对于他的示性类、示嵌类研究有根本的意义,而且还开拓了复合型的组合不变量的系统研究.

③ 在研究示性类时,抓住具有典型性的格拉斯曼流形. 因为所有示性类都是格拉斯曼流形中上同调类的原象,因此,所有的关系都可以从格拉斯曼流形的研究中得到. 他的老师埃瑞斯曼只研究其下同调,而庞特里亚金等人的定义也从下同调来定义,这当然没有显示出来格拉斯曼流形的全部丰富内涵. 吴文俊的研究通过更丰富结构的上同调(连同上积具有环结构)以及斯廷洛德平方及幂运算得出一系列的新成果:不同示性类之间的关系以及史梯费尔－惠特尼示性类的生成元,通过平方运算把史梯费尔－惠特尼示性类通过吴文俊类表示出来,这不仅得出史梯费尔－惠特尼示性类的拓扑不变性,而且给出明显的表达式. 吴文俊还给出明显计算出该示性类及其关系的方便公式.

对于庞特里亚金示性类,问题要复杂得多,因为现在知道它并非拓扑不变量. 但是定向闭流形的类模 3、模 4 后是拓扑不变的,方法也是通过格拉斯曼流形、各种上同调运算以及他的管形造法所得的新拓扑不变量得出的.

④ 吴文俊的示嵌类理论把表面上不相关、方法上也不同的各种成果熔合成一个理论. 他指出:"一个空间 X 到另一空间 Y 中的(拓扑)实现,需要存在一个一对一的 X 到 Y 中的映象 f,以致 $f(x)$ 在 f 下与 X 拓扑等价,这样一个实现映象 f,因之是一个'拓扑'的连续映象,其主要的特征之一是一对一的. 因此所谓实现问题是一'拓扑性'的问题,而与流行于代数拓扑中大部分问题,主要是属于'同伦性'的问题有别. 这是代数拓扑中强有力的同伦方法,不能直接应用. 要克服困难,必须找到合适的方法把映象 f 的一对一性显露出来,然后再使用通常的同伦方法."

(二) 从中国古代数学史到数学机械化

吴文俊的中心思想在于,明确提出数学机械化思想,追溯其历史内涵,并在现代数学基础上加以有效地发展,使之成为未来数学的一个主要方向. 他在《吴文俊文集》的序言中谈到:"作者关于机械化思想的形式,决非一朝一夕,至少在 20 世纪 70 年代以前,机械化的概念在作者的脑海里还毫无踪影. 经过对中国古代数学学习的触发,结合着几十年来在数学研究道路上探索实践的回顾与分析,终于形成这种数学机械化的思想." 显然,在 20 世纪 70 年代之前,吴的思想还主要是西方主流数学思想,这就是以公理化为核心的数学,在绝大多数人的心目中,这是唯一的数学,至于其他数学,如中国古代数学,无非是历史陈迹,只不过是

数学史家研究的对象.吴文俊正是在学习中国古代数学的过程中,批判西方单一数学思想,从中国古代数学中看出另外一条数学发展的主线,并指出其无限的生命力,这正是吴文俊思想具有划时代意义之所在.

机械化思想一旦形成,吴文俊在三条战线上为其开辟道路:一是对于中国和外国数学史进行正本清源的分析批判,从而对数学本身具有一种更全面的认识;二是创立机械化的证明方法——吴方法,使之成为机械化数学行之有效的工具;三是展示机械化数学的广泛的应用前景,显示出机械化数学无限生机与活力及其美好前程.分述如下:

1. 用机械化思想看数学及数学史,特别是中国数学史

对于数学的对象,吴文俊一贯认为"数学是研究现实世界中数量关系和空间形式的,简单地说,是研究数和形的科学.""在数学发展过程中,数与形的概念不断扩大,日趋抽象化,以至于不再有任何原始计数与简单图形的踪影."即便如此,"如果把数与形作为广义的抽象概念来理解……把数学作为研究数与形的科学这一定义,对于现阶段的近代数学也是适用的."从这个基本观点出发,吴文俊对比了中西数学发展历程,并指出中国数学的优越之处.

无论任何民族,即使是最原始的民族,也知道简单的计数,并由用手拨或实物计数发展到用数字计数.其后发展出计数法及位值制,再进而发展出各种计算方法.在这方面,中国是遥遥领先的:

(1)正整数位值制及十进位计数法最迟在《九章算术》成书时已十分成熟,而印度最早在6世纪末才出现,刘徽注中已引入十进制小数,而欧洲到 16 世纪才有.

(2) 分数运算,负数观念,开平方、开立方算法也在《九章算术》中已成熟,印度及西欧均很迟才有.

(3) 代数方程的解法,中国在宋、元朝时对高次方程及高次联立方程已有数值解法,西欧要到 19 世纪才有.

不仅中国在算术计算方面是领先的,而且在从算术到代数的飞跃也是超前的. 宋元时期已引进"天元"(即未知数)的明确概念,并产生相应的代数运算法则及消去方法. 这样的代数学,在 16 世纪之前,可以说只有中国一家. 吴文俊说:"代数学无可争辩地是中国创造……甚至可以说在 16 世纪之前,除了阿拉伯某些著作之外,代数学基本上是中国一手包办了的."

从算术、代数的发展已经可以看出中国数学的机械化、实用化的特点,另外它具有例证法的性质,也就是从特殊例题中概括着一般算法. 现代西方数学,无论是研究和著述,都是从一般到特殊,从抽象到具体,这是使读者难于理解,对数学产生神秘化的原因. 其缺点显而易见,一方面读者难以搞清楚作者的动机与出发点(Motivation),另一方面也限制读者思考的范围,他们只能在一般的、抽象的这种"高级"水平上来思考,而很难从特殊的具体的例证中进一步思考、举一反三、开拓思路. 这些都是根本违背人们认识过程的. 中国的数学从实际的例证出发,一般的蕴涵在特殊的例子当中,读者掌握一个,就可以触类旁通,左右逢源. 吴文俊的机械化证明方法也有这种例证法、启发性的优点.

吴文俊特别指出中国数学发展重要特点:"解方程是中国传统数学自秦汉以迄宋元蓬勃发展的一条主

附录1 吴文俊传略

线."他指出:"早在公元前一世纪已定型的《九章算术》中,即有线性联立方程组的解法,所用的算法也即19世纪重新出现的高斯消元法.公元1247年秦九韶的《数书九章》载有实系数高次方程的数值解法.公元1303年朱世杰的《四元玉鉴》又提出多至四个未知数的高次联立方程组的消元解决,这构成了任意联立方程组的初步基础."

他把中国代数学的源流表示如下(图1).

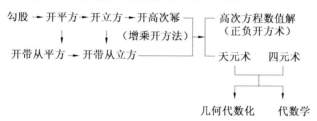

图1

不论是在数学体系的完成上或是在代数学的创立上,就是在几何学上,我国古代也有着极其辉煌的成就."我国古代的几何学,立足于广大劳动人民的丰富实践经验,从天文观察与工农业建设中发现问题、提出问题,抓住了几何学的核心与实质,建立了具有中国特色的几何学体系.既有丰硕的成果,又有系统的理论,其内容有许多是微积分得以创立的关键所在,是希腊的几何学所未能做到的."

"我国古代人民,正如其他各地的许多古代民族一样,观天测地,从事土地的丈量、容积的测量、时间的计算等等生产活动,在此基础上创造了我国固有的古代几何学.从远古时代起,即有了一般形式的勾股定理,并应用之测日之高远大小,具见《周髀算经》一书.秦汉时期又发展了勾股理论并导出二次方程,成为我国一千多年代数学蓬勃发展的主要源泉之一.到魏晋时期,《周髀算经》以之观天,刘徽以之测地,建立了测高望远的重差理论.另一面,土地的丈量与容积的测量产生了面积与体积理论,并提炼出出入相补这一一般原理,到5世纪南北朝时期又提出了祖暅定理.这些一般原理的建立,说明了我国古代人民不仅能紧密联系实际,善于分析问题解决问题,而且有着高度的抽象与概括能力.不仅是脱离实际把度量排斥于几何学之外的欧几里得所无法比拟,甚至也是虽重视实际但偏重技术缺少概括的阿基米德与海伦所不及."

中国几何学的发展,不仅产生了中国独有的几何学的体系,而且更为重要的是几何学的体系与代数学体系相结合成为完整的中国传统数学体系.

由于中国传统数学中算术及代数方法的先进性,产生出与希腊数学传统根本不同的发展路线,它在数与形紧密结合方面有着极大的优越性.吴文俊多次强调,数学中两个主要对象——数与形相互联系,必须密切结合在一起加以研究,这样才能相互促进、相得益彰,而中国传统数学的优点也正在这里.他说:"在现实世界中,数与形如影之随形,难以分割.中国古代数学反映了这一客观实际,数与形从来就是相辅相成,并行发展的.例如勾股测量提出了开平方的要求,而开平方、立方的方法又奠基于几何图形的考虑.二次、三次方程的产生,也大都来自几何与实际问题.至宋元时代,由于天元与相当于多项式概念的列入,出现了几何代数化,在天文与地理的星表与地图的绘制,已用数来表示地点,不过并未发展到坐标几何的地步."他又指出,在希腊数学中,数与形的割裂或许是西方数学长期停滞的原因,而中国传统数学的思想方法,正是导致17世纪西方数学黄金时代到来的重要因素之一。"在中国的传统数学中,数量关系与空间形式往往是形影不离并肩地发展着.但在以欧几里得为代表的希腊传统里,几何学独立于数量关系而以单纯研究空间形式的格局发展着.在《古今数学思想》中克莱因说:'代数虽在埃及人和巴比伦人开创时是立足于算术的,但希腊人却颠覆了这个基础而要求立足于几何.'希腊传统的这种排斥数量关系于几何之外的研究方式可能给数学包括几何带来了严重后果.在欧洲黑暗的中世纪时期,数学的发展陷于停顿,几何也是如此.笔者怀疑欧几里得那种单纯依靠艰涩而迂曲地进行的推理方式,正是造成这种停顿的重要原因之一.不论笔者的怀疑有多少真实性,一个无可否认的事实是:中世纪时阿拉伯世界无疑受到东方的影响,已经充分掌握了当时数量关系方面的许多知识与方法,可能还有不少自己的创造.通过伊斯兰教、蒙古与土耳其的西侵以及十字军的东征,这种知识与方法传入了欧洲,前面所说负数的传入正是其中之一.这种传入无疑促成了中世纪以后欧洲以数量关系为主而与欧几里得传统大相径庭的种种发明创造:小数、对数、符号,以至三次、四次方程的解法等等.

  与以欧几里得为代表的希腊传统相异,我国的传统数学在研究空间形式时着重可以通过数量来表达的那种属性,几何问题也往往归结为代数问题来处理解决.面积、体积与圆周率的计算导致无理数概念的引入,相当于卡瓦列里(Cavalieri)原理的刘祖原理的发现,以及极限方法的创立.把几何问题化为代数问题的做法,则导致方程、天元等概念的引入,多项式运算与消元方法的建立,以及各种方程的系统解法,使几何代数化有途可循,有法可依.17世纪笛卡儿的解析几何的发现,正是中国这种传统思想与方法在几百年停顿后的重现与继续.

最后他对比中西数学史得出下面重要结论:"我国的古代数学基本上遵循了一条从生产实践中提炼出数学问题,经过分析综合形成概念与方法,并上升到理论阶段,精炼成极少数一般性原理,进一步应用于多种多样的不同问题.从问题而不是从公理出发,以解决问题而不是以推理论证为主旨,这与西方的以欧几里得几何为代表的所谓演绎体系旨越迥异,途径亦殊.由于形形色色的问题往往归结为方程求解,因而方程求解就成为中国传统数学《九章算术》以来发展中的一条主线,这与西方数学之以定理求证为中心者正相对照."

吴文俊得出以上重要结论,也是与他独辟蹊径的研究中国数学史的方法分不开的,他所指出的方法与原则,当然也适用于一般数学史的研究.他多次指出:"我国的传统数学有它自己的体系与形式,有着它自身的发展途径与独创的思想体系,不能以西方数学的模式生搬硬套."他不仅批判那种"言必称希腊","制造了不少巴比伦神话与印度神话,把中国数学的辉煌成就尽量贬低,甚至视而不见,一笔抹煞"的态度,而且更注重批判在研究中国数学史过程中,滥用西方的数学思想方式,把西方的一套符号、造法加诸于中国.为此他提出研究古证复原所应遵循的三项原则;实际上这三项原则,对于所有数学史研究都是适用的:

附录1 吴文俊传略

"原则之一,证明应符合当时本地区数学发展的实际情况,而不能套用现代的或其他地区的数学成果与方法.

原则之二,证明应有史实史料上的依据,不能凭空臆造.

原则之三,证明应自然地导致所求证的结果或公式,而不应为了达到预知结果以致出现不合情理的人为雕琢痕迹."

吴文俊在"《海岛算经》古证探源"一文中,依据这些原则,将《海岛算经》的9题进行补证.这些题在历史上曾有不少补证,特别是利玛窦来华后,引进欧氏几何以及西方的测量技术对《海岛算经》作了歪曲的证明,这反而恰巧说明了它具有不同于西方欧几里得体系的来源.其后的证明中也用到中国几何学中没有的平行线、角度以及复杂的比例关系,显然是有悖于古意的.三上义夫认为刘徽能用代数方法证"海岛算经"诸题,列出两个未知数的方程组求解,这也决非刘徽的原证.吴文俊的思想路线即是从来源和当时的水平得出证明的主要思想原则或原理,然后以简单而可信的步骤恢复原证.

吴文俊的结论是:"田亩丈量和天文观测是我国几何学的主要起源,……,二者导出面积问题和勾股测量问题.稍后的计算容器容积、土建工程又导出体积问题,…….依据这方面的经验结果,总结提高成一个简单明白的一般原理——出入相补原理,并且把它应用到形形色色多种多样的不同问题上去."

他把中国几何学发展演变的线索表示如下(图2).

从对中国数学正本清源的考察,吴文俊指出,我们可以摆正中国数学史和西方数学史的位置."西洋数学

Menelaus 定理

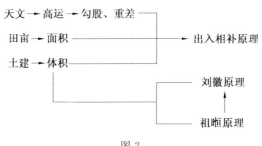

图 2

史和中国数学史分成两段来讲,……,也是符合某些历史上的情况的.依我个人的理解,也不一定很正确.……从历史来看,我总觉得有两条发展路线,一条是从希腊欧几里得系统下来的,另一条发源于中国,影响到印度,然后影响到世界的数学."数学的发展过程可以概括为下面的简图(图 3).

图 3

吴文俊的思想也促使我们认识到,在欧洲数学中,也不只是希腊式的数学,而且也有中国式的机械化、构造性数学成分,过去由于数学史家片面强调主流(如笔者前面指出的 5 次突破),中国式的数学史隐而不彰.例如吴文俊谈到的"古希腊时代,对待几何学就有两种不同的方法:一种可以以欧几里得的《几何原本》为代表……;另一种可以以阿基米德的有关著作为代表,着重研究几何图形的数量特征或其量度,……"对西方数学发展中的偏向及弱点认识不清,这是今后数学史家所需要特别注意的.

吴文俊特别指出数学发展的民族特点:"由于各民族各地区的客观条件不同,数学的具体发展过程是有差异的.大体说来,古代中华民族以竹为筹,以筹运算,自然地导致十进位值制的产生.计算方法的优越有助于对实际问题的具体解决."从而形成中国传统数学的特色.他分析了传统数学衰落的社会原因:"由于明初被帝王斥为奇技淫巧而受阻抑","明朝八股取士,理学统治了学术界的思想",致使数学一落千丈.理学又使一些优秀数学家背离古算的优良传统,陷入神秘主义,这些是数学衰落的内在因素.这些都是我们在振兴中国数学时所应吸取的教训.

2. 数学机械化与机械化数学

虽然吴文俊并不是第一个提出诸如算法、程序、构造性数学甚至机械化数学概念的,但他确是第一个从中外数学史研究出发,明确提出有效的数学机械化纲领的.由于涉及问题很多(吴文俊在不同地方用不同的词,如研究报告以"数学机械化与机械化数学"为题,还有如"数学中的公理化思想与机械化思想","从证明的机械化到机器证明","复兴构造性的数学"为标题的论说),我们分四个层次来论述,即(1)机械化数学对公理化数学;(2)数学机械化;(3)机器证明;(4)实际应用.分述如下:

(1)机械化数学对公理化数学."机械化数学"一词最早大概是王浩在 1958 年在题为"Toward mechanical mathematics"的报告中首先提出来的,他的想法似乎侧重于数理逻辑与推理研究中系统的机器证明,比起吴文俊的机械化数学的内容要窄得多.吴文俊的机械化数学是作为与公理化数学相对立的数学体系提出来的.这种与公理化数学思想体系相对立的体系在西方一般称为构造性数学(Constructive mathematics),而吴文俊的机械化数学与其各种哲学及数学流派——构造主义(Constructivism)在思想上应有某种相通之处.

据《数理逻辑手册》中"构造数学诸方面"一文中所指出,构造主义应包含下列诸倾向或学派:

① 有穷主义(以希尔伯特为代表).

② 构造的递归分析(以苏联 A·A·马尔可夫为代表).

③ 直觉主义(以布劳维尔(Brouwer)为代表).

④ 狭义构造主义(以毕晓普为代表),它可以描述为没有选择序列及车尔赤论点的直觉主义.

它们在哲学上、逻辑上、做法上各不相同,也与吴文俊的不完全一样,但它们的共同点有:

① 存在即构造.给定某一对象的意思是指有一定办法来生成它.

② 方法是与公理方法相对立的生成的方法.

③ 构造数学中的问题与结果有其在经典数学中的对立面.

④ 对于经典数学的定理,有系统的构造化程序.

但是,西方的构造性数学往往是从逻辑的研究出发的,构造性对象往往是涉及无穷的分析定理,它们一般是不能机械化的,它们从根本上很难同经典数学平起平坐.

吴文俊的机械化数学与西方构造性数学不同,他的出发点是解决实际问题与随之而来的数学问题,他的理论渊源如前所述是中国古代数学.他的考虑问题方式也不同,他指出"非构造性观点在现代数学研究中普遍流行,这种观点往往主要考虑对象的一些性质,如存在性、可能性等问题,不大关心如何求出解答,或将能行的方法予以有效的实现.应用上对构造性数学要求非常迫切.一个工程师对于方程解的存在唯一性不会有太多的兴趣,而更关心一些典型的特解,或利用微扰方法找出近似解."这些当然是构造性数学所关心的主要问题.

但是,作为与公理化数学相对立的机械化数学不仅仅只是在公理化数学后面爬行,把公理化数学已解决的一些问题机械化,而是要提出自己的一系列数学问题并加以解决."机器定理证明向数学提出许多构造性问题,例如将代数簇如何分成不可约分支,把一正定多元多项式如何表示成为有理函数的平方和等.这些问题在非构造性观点下被搁置多年,目前尚无有效的处理方法."正如前面讲过的,西方数学从公理出发所提出的问题,许多是没有什么意思的,不仅没有实用价值,而且对数学本身的发展也没什么用.而构造性数学却有许多问题有待解决,这些问题一旦解决,不仅有着广泛应用,而且对数学理论起着重大推动作用.吴文俊方法的出现就是最有说服力的例子.

吴文俊的机械化数学与一般构造性数学另一个不同之处,是它强调"现实的有效性".吴文俊早在1977年在数学所的一次报告中指出,以前的构造性纲领最好也就到"原则上可构造"就大功告成了,真正能切实可行,真正到机器上作就寥寥无几了,吴文俊特别指出他的机械化数学要有"现实可能性",否则虽说有限,要得到结果要用到天文数字的机器时,还是解决不了问题,这种设想向机械化数学又提出一大批新问题,这些问题不仅是公理化数学提不出来,而且其他的构造性数学也提不出来.算法的简化及可行性应该是机械化数学的有机组成部分.这里还应该提到的是计算机科学中的复杂性理论.吴文俊对它的看法是一分为二的,对它的批评是它往往形式地划分什么多项式时间及指数时间,而根本不考虑实际操作是在有限时间、有限空间内完成的,而复杂性理论很难对效率进行评判.看来,机械化数学也应用它自己的算法理论及复杂性理论.

吴文俊的机械化数学并不像直觉主义数学之类企图完全置公理化数学于不顾,而是应该吸收公理化数学深刻结果,以期共同发展."作为数学两种主流的公理化思想与机械化思想,对数学的发展都曾起过巨大的作用,理应兼收并蓄,不可有所偏废"."尽管某一数学领域整个说来是不可能机械化的,但并不排除其中一部分可以机械化.如何发现这样一些可以机械化的部分领域,提出切实可行的机械化方法,又是一项高度理论的探索性问题,只有对该领域有深邃认识才有解决的希望."

在建立机械化数学过程中,吴文俊首先把元数学中的一些定理纳入机械化数学的范畴,从而使得数学机械化有理论基础,在这方面,吴文俊创造性地理解希尔伯特、哥德尔及塔斯基的工作,尤其重要的是对希尔伯特机械化定理的表述.

哥德尔定理　初等整数论的定理证明不可能机械化.

实际上希尔伯特纲领无非是想在公理化数学与机械化数学之间架起一座桥梁,实际上这就是他的有限主义纲领的来源.哥德尔定理否定了希尔伯特纲领的可行性,但是整个数学甚至一部分数学不能机械化,并不排除有的数学领域可以机械化,其中有 1948 年证明的

塔斯基定理 初等几何(以及初等代数)的定理证明可以机械化.

这是吴文俊的几何定理机器证明方法的逻辑基础.

特别是吴文俊发现希尔伯特在 1899 年出版的经典著作《几何基础》有着正面的机械化结果,"只是从来没有人注意过,也许包括希尔伯特自己在内.该书向来被认为是公理化的典范,但实质上希尔伯特却指出了(也许是不自觉的)如何从公理化通过代数化到达机械化的道路",他把希尔伯特书中一个定理表达成

希尔伯特机械化定理 H 初等几何只涉及从属与平行关系的定理证明可以机械化.

由希尔伯特的机械化方法,吴文俊又概括另一定理.

希尔伯特机械化定理 P 帕斯卡几何的定理证明可以机械化.

作为这种思路的继续,吴文俊在 1976 年到 1977 年之交,证明

吴文俊机械化定理 EG 初等几何中只牵涉到从属、平行与全合关系的定理证明可以机械化.

1977 年与 1978 年之交,吴文俊又将结果推广到初等微分几何,证明了

吴文俊机械化定理 EDG 初等微分几何中凡可用

Menelaus 定理

微分多项式等式关系来表达的定理的证明可以机械化.

吴文俊把确实可以进行机械化证明的定理分成三种不同类型(详情见后),可以用三种机械化的方法来证明.可以分别称为希尔伯特机械化定理、吴文俊机械化定理、塔斯基机械化定理,分别用 Ⅰ,Ⅱ,Ⅲ 来表示,它们之间的关系可用图 4 表示.经过后来的研究,吴文俊机械化定理的范围又扩大了.吴文俊还研究了它们证明的效率:Ⅰ 最高,Ⅱ 次之,Ⅲ 最差.吴文俊对于计算量作出理论的估计,他证明

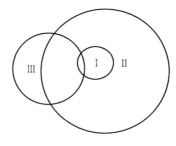

图 4

计算复杂度定理 初等几何中只牵涉从属、平行与全同关系且"不可约"的定理证明,其计算量满足下面的关系:计算复杂度 $\leqslant$ 定理复杂度、几何复杂度.

另外,通过限制不可机械化的定理的对象范围,使已机械化也即划定可机械化问题和不可机械化问题的边界.另外对于不可机械化的定理可否通过放宽"机械化"的概念而可"半机械化".也是重要的理论问题.

机械化数学除了这些"元数学"的内容外,还应该包括理论数学的主要内容,其中一部分是对于理论问题用构造的方法加以解决.如用 Gröbner 基解决理想理论问题,通过构造的途径加以解决,以及对于数学概

念予以构造的解释.而另一部分则是吴文俊比较好地解决了可把定理证明化为方程求解的数学机械化纲领.为了使这个纲领能覆盖尽可能多的数学,除了微分方程之外,研究丢番图方程(不定方程)的整数解、有理数解以及在有限域中的解是一个重要的方向.虽然所有丢番图方程求解问题不可能机械化,部分机械化还是可解的.

(2)数学机械化纲领.当前大部分数学属于公理化的数学范围,欲建立机械化数学,必须使数学机械化.什么是数学的机械化呢？吴文俊指出:"数学是脑力劳动的一个典型,是一种代表性的脑力劳动",不论是脑力劳动还是体力劳动,它们机械化一词的关键是机械二字,"意指动作的机械性或者更恰当地说动作的刻板性,因而所谓机械化无非是刻板化或规格化".正如体力劳动走着机械化、机器化、自动化这一条道路一样,作为脑力劳动一部分的数学劳动"如果能改变成虽然要重复千百万次但却简单刻板的形式,也就是机械化的形式,也就同样可以机器化以至自动化."这是吴文俊数学机械化的初衷,由于数学有一部分领域能够机械化,人就可以把这部分机械刻板的劳动委诸于机器去做,而把脑力劳动花费在不能或一时还不能机械化的部分,去更有效率地进行创造性劳动,这是数学机械化的最终目标.

数学劳动包括数值计算、逻辑推理、公式推导、方程求解、定理证明等等.基本上主要是两种形式:数值计算与定理证明.这两种形式有很大的不同:计算易,证明难；计算繁,证明简；计算刻板而枯燥,证明灵活而美妙.由于数值计算上有简单、刻板、反复的机械化形式,从17世纪最简单的加法器及乘法器的问世,到本世纪电子计算机的出现,数值计算已经从机械化经机器化走向自动化了,数学中其他各种劳动如逻辑推理、公式推导、方程求解与定理证明也应该以数值计算为榜样,走上一条机械化到自动化的道路."在目前看来,已不仅有着实现(自然是部分的)的可能,而且还是当务之急."

逻辑推理的机械化,早在17世纪莱布尼茨已提出设想,它的思想是把它代数化或算术化,到20世纪,罗素和怀特海把推理过程形式化或者说代数化,使命题逻辑及一阶谓词逻辑定理证明当成刻板的推演过程,罗素及怀特海当时用10年时间手算的结果,其中一部分(因一阶谓词逻辑)是不可判定的,也就是不可机械化的,在1959年用不到9分钟得到机器证明,这是王浩通过他编的一个程序实现的.这就激起"自动推理"研究的热潮,不过由于种种原因,并没有取得多少值得注意的成果.

现代数学最主要的活动是定理证明,不可否认,计算机在证明定理方面取得一些成功,例如引起轰动的"四色定理",但是,所有这些计算机起的都是"辅助性"的,也就是他只能代替人做一些特定机械的演算工作,谈不上自动给出一类定理整个的证明,更谈不上自动发现定理.

现在的机械化证明中真正行之有效的应该说只有吴文俊的方法.我们前面已稍介绍吴文俊的数学机械化纲领及吴方法,现在我们对其思想方法的来源做一初步分析.

① 中国古代数学的特点与吴文俊对它的研究成

果.中国古代数学的机械化特点:"把许多问题特别是几何问题转化为代数方程与方程组的求解问题.这一方法用于几何可称为几何的代数化.""几何的代数化是解析几何的前身."同时中国古代数学也提供了方程组的求解的机械化算法.另外,中国数学"寓理于算"的特点以及形式上不是从公理出发的演绎系统,而是从一些原理出发的机械推演系统,这些都构成吴文俊数学机械化纲领中最核心的思想.

② 笛卡儿的解析几何以及他的思路.欧几里得几何是一种代表性的非机械化数学,其典型工作是定理证明.而解析几何不仅大大扩张其范围,还能解决许多欧氏几何不能解决的问题,因此,从欧氏几何到几何代数化再到解析几何不只是向机械化推进的过程,而且也是数学进步的必由之路.以此为模范,数学机械化的道路是很清楚的.经过研究数学史,吴文俊更概括出一般的研究路线:

$$任意问题 \xrightarrow{(\text{I})} 数学问题$$

$$\xrightarrow{(\text{II})} 代数问题$$

$$\xrightarrow{(\text{III})} 解方程组 \begin{cases} P_1(x_1,\cdots,x_n)=0 \\ \quad\vdots \\ P_n(x_1,\cdots,x_n)=0 \end{cases}$$

$$\xrightarrow{(\text{IV})} 解方程 \ P(x)=0$$

这里 P_i 及 P 均为多项式,这样就形成了数学机械化的具体方案.作为数学问题,主要是(II)、(III)、(IV) 三步,(II) 是数学代数化,对几何问题来说是几何代数化,这是其中关键一步,"这正好符合笛卡儿采用代数方法把推理程序机械化以致减小解题工作量的想法."(III) 是把代数关系表征为方程组.(Ⅳ)是消元的具体方法.

③ 对于希尔伯特及塔斯基的分析研究. 吴文俊谈到"我们从事机械化定理证明工作获得成果之前,对塔斯基的已有工作并无接触,更没有想到希尔伯特的《几何基础》会与机械化有任何关系."但是,在取得成果之后,对希尔伯特及塔斯基的工作加以分析比较,对于整个数学机械化纲领认识就更深入了. 对吴方法的成功原因也看得比较透彻了.

希尔伯特是第一个企图把全部数学加以机械化的人,这过于一般,不用说不能成功,即便能成功,实现起来也决非易事. 起点过宽,过于一般,使许多机械化过程不易成功(包括许多一阶谓词演算的定理). 塔斯基虽然能证明初等几何及初等代数定理可以机械化,并提出制造所谓判定机(也就是证明机)的设想."然而他们的方法与设想都是不切实可行的.""用塔斯基方法于电子计算机只能证明一些近于同义反复的'儿戏'式定理." 塔斯基所缺少的正是有效的算法.

吴文俊进一步分析了三种机械化定理:希尔伯特机械化定理,假设部分的代数关系式对于某些特定变量都必须是线性的. 塔斯基机械化定理,假设及结论部分可以是实闭域为系数域的多项式等式或不等式,而吴文俊的机械化定理现在可以包括一般系数域中的多项式等式,后来又能处理实闭域中的不等式,因此最广泛而且强有力. 更为重要的是它还可以吸收已知的结果进一步推广.

吴文俊对于定理证明作了如下的历史分析:他认为从欧几里得以来,对定理证明的认识及实践已经历了几个发展阶段:

第一阶段:欧几里得方式的定理证明,这个阶段的定理证明有两个特色:

ⓐ 证明基于定义-公理-定理-证明的系统,通过逻辑推理演绎地进行.

ⓑ 每一个个别定理都有适合该定理独有的证明.

第二阶段:笛卡儿方式的定理证明,笛卡儿开辟了定理证明新途径,特别 ⓐ 转变成 ⓐ′可以只通过计算来证明定理. 但是 ⓑ 没有改变,实际上他把数学中主题定理的证明归结为问题求解,再归结为方程求解. 在他的《几何原本》中没提"公理","定理"也只在不相干的地方提一次.

第三阶段:希尔伯特方式的定理证明,他引进数系,引进坐标系,在欧几里得逻辑演绎法与笛卡儿计算方法之间架起一座桥梁. 他的方式是对一类一类定理进行证明,从而把 ⓑ 换成 ⓑ′,通过同样的方法证明一整类定理,他把一类定理证明称为可机械化的,如果存在一个程序,按照这个程序经有限多步可以判定这类定理是真还是假. 如果可以的话,我们可方便地称这类定理可机械化. 吴文俊的定理证明机械化路线就是遵循:中国古代 → 笛卡儿 → 希尔伯特这条越来越机械化的路线发展的. 本着这种精神,他建立如下的数学机械化纲领,通过可机械化的数学诸小领域来尽可能多地覆盖整个数学. 为了实现这个纲领,吴文俊设计了一套行之有效的方法,可称为吴文俊数学机械化方法,其中最重要的是步骤(Ⅳ).

(Ⅰ)任意问题变为数学问题. 这一般属于科学、技术、工程等研究领域,很难找到一种一般的方法. 这个过程在应用数学中称为建模,为了能够用数学解决问题,必须得到它们之间的数量关系(或其他数学关系).得出数量关系一般有两条途径:一条是已证实的通过观测、实验得到数据,经过处理得出规律;另一条是理性的,认为它们自然满足某些原理,如平衡条件、极值原理,从这两种途径可以得出反映研究对象规律的数学规律.吴文俊的研究涉及力学、物理学、化学、技术诸方面,问题来源不同,方法也不完全一样.如化学平衡问题,就是直接通过初始状况列出平衡方程.开普勒定律则是由观测总结出来的.诸如此类的问题都可以通过一定方法化为数学问题.数学机械化问题是如何通过机械化的办法求解这些问题.

(Ⅱ)数学问题化为代数问题.这是重要的一步.数学问题形式很多.一般来讲,几何问题可转化为分析及代数的问题.分析及代数问题可分为等式及不等式两类,等式问题涉及各种方程,如函数方程、微分方程、超越方程、代数方程、不定方程等;不等式问题涉及极大极小问题线性规划及非线性规划、最优化问题等,吴文俊指出,表面上数学问题多种多样,但"近年的数学研究指出了许多著名难题如哥德巴赫问题、费马问题、黎曼假设以及四色问题等,都可归结为某种方程求整数解的问题."这可以为笛卡儿的方案提供佐证,只需适当扩大方程的范围即可.

(Ⅲ)把代数问题变成解代数方程组.虽然不是所有等式及不等式均能化为代数方程组,但吴文俊经过长期努力,把尽可能多的代数问题转化为解代数方程组问题.例如:

ⓐ 超越方程组.许多三角函数等式可自动化为代数方程,通过去掉余项可转化为代数方程组.

ⓑ 微分方程组. 通过扩大机械化算法到具有 d 运算的代数方程组.

ⓒ 多项式不等式. 通过把它化为等式的问题.

这些都是巨大的进步, 对扩大吴方法的应用范围影响至大.

(Ⅳ) 把解代数方程组变为解一个代数方程. 这实际上是一个代数几何问题. 多项式方程组的零点构成一个代数簇, 但是, 受到抽象代数的影响, 从零点集来论述代数几何学则占统治地位. 吴文俊摆脱了理想理论的论式而复兴零点集论式取得巨大成功. "在许多问题中, 特别是那些从实际问题所提出的问题的研讨中, 从理论的及可计算的两种角度考虑, 基于零点集的研讨似乎远优于基于理想论的论述."

迄今在国外并没有求代数方程组 PS 的零点集 Zero(PS) 的完整方程解法, 现在唯一完整的方法是吴文俊在 20 世纪 80 年代发明的三角化整序法或称特征组法.

考虑一个特殊形式方程组 $AS = 0$ 或 $A_1 = 0, \cdots, A_r = 0$, 这里 A_i 为如下形式的多项式 ($0 < c_1 < \cdots < c_r$)

$$AS : \begin{cases} A_1 = I_1 x_{c_1}{}^{d_1} + x_{c_1} \text{ 的低次项} \\ \qquad \vdots \\ A_r = I_r x_{c_r}{}^{d_r} + x_{c_r} \text{ 的低次项} \end{cases}$$

其中 A_i 的各项系数多项式不含 $c \geqslant c_i$ 的 x_c, 且对 $j < i$, I_i 中 x_j 的次数小于 d_j.

我们称这样的多项式组 $AS = \{A_1, \cdots, A_r\}$ 为一升列, 各首项系数 I_i 称为初式. 显然我们可将 $A_1 = 0, \cdots, A_r = 0$ 逐一对 $x_{c_1}, \cdots, x_{c_r}$ 求解, 或把 $x_{c_1}, \cdots, x_{c_r}$ 视为其余诸 x_i 作为参数的代数函数, 因而方程组 $AS = 0$ 已经

解出,至少 Zero(AS) 的结构已经清楚. 此外,有了一个升列 AS,任一多项式 F 对 AS 可经计算得到一个余式,记为余(F/AS) 或 Remdr(F/AS).

对于特殊多项式组 AS 机械化问题已解决,吴文俊利用下面两个原理通过转化为 AS 解决一般的 PS 的问题.

整序原理　有一算法,使对任一多项式组 PS 可确定一升列 CS(称为 PS 的特征列),使

$$\text{Zero}(PS) = \text{Zero}(CS/J) + \sum \text{Zero}(QS_i) \quad (1)$$

其中 $QS_i = PS + I_i$,I_i 是 CS 中的初式,J 是诸 I_i 的乘积,右边主项 Zero(CS/J) 指使 $CS = 0$,但 $J \neq 0$ 即诸 $I_i \neq 0$ 的零点集,算法由以下表出

$$\begin{aligned} PS &= PS_1 \quad PS_2 \cdots PS_m \\ BS_1 &\quad BS_2 \cdots BS_m = CS \\ RS_1 &\quad RS_2 \cdots RS_m = \text{空集} \end{aligned} \quad (*)$$

零点结构定理　有一算法,使对任一多项式组 PS,可确定一组升列 AS_i 或一组不可约升列 IRR_j,使

$$\text{Zero}(PS) = \sum \text{Zero}(AS_i/J_i) \quad (2)$$

$$\text{Zero}(PS) = \sum \text{var}[IRR_j] \quad (3)$$

但是上述方法有某种缺陷,即式(*)中出现不必要的冗余因子,在整个过程中需要不断加以清除,从而使得整个过程变得极为繁复. 为了弥补这个缺陷,吴文俊发展了线性方程方法,基于亚结式理论,通过解线性方程组,成功地避免冗余因子的出现.

(3) 机器证明与机器发明. 虽然机器证明与机器发明只是吴文俊的机械化数学纲领的一个特殊应用,但是在时间上却是最早得出的. 吴文俊的机械化方法

附录 1　吴文俊传略

的要点是把定理求证归结为方程求解,对于初等几何来说,转化问题及求解问题均可以通过电子计算机进行,从而实现证明机器化及自动化. 其原因是,初等几何的定理,包括假设与终结两个部分. 为了把这两部分机器化,首先必须把它们代数化,为此第一步引进坐标,然后把需证定理的假设与终结部分都用坐标间的关系来表示. 最初吴文俊考虑的定理局限于这些代数关系都是多项式等式的范围,因此只考虑平行、垂直、相交、距离等几何关系. 这样假设及终结中的几何关系通过几何代数化变成坐标间的多项式方程组,记作 $HYP=0$,而终结表示为一个多项式方程 $CONC=0$. 第二步是通过代表假设的多项式关系把终结多项式中的坐标逐个消去,如果消去的结果为零,即表明定理正确,否则再做进一步检查,这一步完全是代数的. 这里面最重要的是求解方程组 $HYP=0$,而吴文俊的独到方法在于能够明显确定零点集 Zero(HYP),这不仅等价于求解方程组,而且它具有可机械化的优越性. "零点集 Zero(HYP)中任一零点,就表示了满足定理的假设条件的一幅几何构图. 要证明定理,也就是要验证在零点集之上是否有结论 $CONC=0$,或者更一般的,确定在零点集 Zero(HYP)的哪一部分上可使结论 $CONC=0$ 成立. 如果零点集 Zero(HYP)的精确结构已知,则上述目标将易于实现." 具体作法是:从 HYP 作出不可约升列 IRR_j,使

$$\text{Zero}(HYP)=\sum \text{zero}[IRR_j]$$

然后求多项式 $CONC$ 对 IRR_j 中各多项式自后往前依次求余后所得的余式记为 $\text{Remdr}(CONC/IRR_j)$. 对此,吴文俊有一般的

Menelaus 定理

机器证明定理　定理 (HYP, $CONC$) 在整个分支 $\text{Zero}(IRR_j)$ 上为真的充分必要条件是
$$\text{Remdr}(CONC/IRR_j) = 0$$

由于不可约升列分解、余式求法均可由机器进行,而且对于许多情形,这个过程还可以大大简化,初等几何定理的机器证明得以完成. 吴文俊本人在长城 203 台式机上证明像西姆逊线那样不简单的定理,而且还发明一些新定理. 其他人用不同计算机证明及发明更多的定理,可以说这是有史以来第一次真正有效地用机器证明及发明一大类数学定理. 1977 年到 1978 年之交,初等微分几何定理也实现机器证明.

(4) 实际应用. 前面已经多次谈到吴方法在各种问题上的有效应用,而且这种应用范围还在不断扩大. 这里要讲另外一方面的应用,即在数学教育、传播、普及等方面的应用. 吴文俊指出,国外某些数学教学改革违背最起码的认识规律,任意地把"新"数学纳入教材,招致灾难性后果,不能不引以为戒. 吴文俊的机械化数学体系已经初步形成,机械化数学思想不仅对于数学研究而且对数学教学都有着重要的意义. 把机械化数学思想纳入数学教学之中,将产生极为深远的影响.

吴文俊对中、小学数学教学从机械化数学的角度提出过十分中肯的意见."事实上,我们在中小学的课程里,就已学习了不少机械化的数学内容,接受了不少机械化的训练,只是人们并不自觉而已.""举例来说,在小学里用纸笔进行的加减乘除四则运算,就完全是机械化的,正因为如此,巴斯长才有可能在 17 世纪利用齿轮转动制造成加法机器,稍后莱布尼茨又把它改进成乘法机器. 而到现在,四则运算已可以在电子计算

附录1 吴文俊传略

机上实现,如果没有小学里那种已经成为机械化的算法,这些都将是不可能的."不过,数学的教材往往重复数学发展的过程,不断地把非机械化的内容越来越多地加进中小学教材中去."例如算术有许多四则难题,每题求解都需要巧思,……,又如欧几里得几何的定理证明,添线往往是一种很高超的艺术……,再如求极大极小问题,稍难一些就需特殊技巧或无所措手……"而解决这些问题的出路同样在于机械化:有了代数,算术的问题得到机械化,有了解析几何,平面几何的难题得到了机械化;有了微分法,极大极小问题得到了机械化.有了机械化的办法,就可以不必花很多时间在一些难题、趣题上消耗过多的时间和精力.可以说,这是教学改革的一个方向.他指出新中国成立前、后,教材已经多次进行改革,例如初中一年级的算术和平面几何专解难题的部分,经过长期斗争已经剔除,但是还不能说方向很明确.实际上,现在中学的数学课本仍然"是一个奇妙的混合物:公理化与机械化的方法内容杂然并陈.""至于解析几何,则把几何与代数结合在一起,两种成分都有,但既非此也非彼,而且结合得并不很好,前后并不连贯."而真正理想的是把这两者做到"浑然一体,有机地溶合在一起."吴文俊还提出一些具体的意见:一是要"把较高的基础知识有条件地适当地纳入较低的基础教材之内."对此,"初等微积分应该处于最优先考虑的地位,它的意义作用比之所谓集合、矩阵之类重要得多,而且中学生学起来并无多大困难."还有"可考虑增加一些有关计算器使用的项目."他还指出,数学教材"一方面应有弃旧纳新的准备,另一方面也应注意必要的相对稳定性".不能一味求新,去盲目引进一些没有经过时间考验的内容或者在没有基础训练的情形下,去学习计算器或较高等的机械化数学.另外,在教材内容上,应注意中国古代数学成就以及解决实际问题.归根结底,对大多数人来说,数学是解决问题的一个工具,即使对数学家来说,公理化数学也并非很容易理解:吴文俊在"消除对数学的神秘感"一文中,提出一系列值得重视的问题:"如何填平数学与非数学之间的鸿沟,消除非数学家对数学的神秘莫测感?如何消除数学各个不同领域专家的隔阂,使他们不致隔行如隔山,以增进彼此间的了解并进而交流合作?"他没有正面回答这个问题,但暗示出关键是对数学的神秘感.说到底许多神秘感是人为造出来的.专业著作一系列概念、符号、公理以及推理论证除了专家以外无人了解.而缺少对某一领域或某一专题的历史作较全面较通俗的论述更增加了神秘感.在叙述方面,按照机械化数学观点,对消除神秘感是有好处的.

四、学术贡献

吴文俊的各项独创性研究工作使他在国际国内产生了广泛的影响,享有很高的声誉.陈省身称吴文俊是"一位杰出的数学家,他的工作表现出丰富的想象力及独创性.他从事数学教研工作,数十年如一日,贡献卓著……"这可以说是对吴的工作确切的评价.他对拓扑学的各项研究早已成为经典,吴公式、吴类已成为许多论文的题目,并且是许多优秀结果的出发点.近年来他对于中国数学史的研究及从定理机器证明的数学机

附录1 吴文俊传略

械化纲领正在急剧地扩大影响,真正成为一个独具中国特色的构造性的、可机械化的数学运动.单是定理机器证明就已获得许多热情的赞扬.莫尔(Moore)认为,在吴的工作之前,机械化的几何定理证明处于黑暗时期,而吴的工作给整个领域带来了光明.美国定理自动证明的权威人士沃斯(Wos)认为吴的证明路线是处理几何问题的最强有力的手段,吴的贡献将永载史册.而这些只不过是吴文俊机械化数学方案的开头部分.

吴文俊之所以取得这些成就完全是他一生积极进取、锲而不舍的治学精神所致,他热爱数学、独立思考、富于创见,无论外界环境是顺利还是困难都能始终如一地努力从事研究工作.无论在早期自学数学阶段还是在学计算机进行机器证明的实践中,他都几乎是在没有外界支援的情况下,刻苦攻关,独立掌握许多自学难以通晓的知识技能,如外语(他熟练掌握英、法、德文,而学俄文是靠俄英字典一个字一个字查的)以及使用计算机等.当然这也不排除他虚心求教、不耻下问的态度,特别是在掌握计算机的过程中,他也得到一些同志的帮助.对于别人的帮助,他总是在适当时机表示感谢,如在计算机机械化证明中,孟繁书帮助他能在长城203上工作提供方便,后在吴的一本专著中,他向孟繁书郑重致谢.吴文俊一生淡泊自守,对于名利看得很轻,从来不宣扬自己,以至于他在国内的知名度与他的成就显得极不相称.不仅如此,他从未沾染学术界的一些不良作风,恰恰相反,他平易近人、乐于助人、乐于宣传其他人的成绩,学术作风民主.

吴文俊在科研之外,在教学及传播中也做出不少贡献.他在数学所、系统所培养了不少青年,在科技大学培养了60～65届80多名学生,其中许多人如李邦河、王启明、彭家贵、徐森林等等皆学有所成.吴文俊教学生动、内容充实,讲课自始至终一气呵成,使听者一步一步跟随他渐入佳境.他虽然不在教学第一线工作,但他的教学艺术可以说是炉火纯青.他的报告也是活泼生动,深入浅出,听来顺顺畅畅,听完再整理就发现内容极为丰富及充实,需要花上好大力气来消化.他还写了不少传播的数学著作,也是文如其人、朴素自然、言简意赅、内容充实.他的主要传播的文字部分收集在《吴文俊文集》中,这是对中国数学能够健康发展的一大贡献.

  吴文俊具有强烈的爱国心,他在大学时就对国民党腐败统治十分厌恶.他自己考取公费赴法留学,很快就不再接受政府公费.在法留学期间,他一直关心祖国的命运及前途,关心解放战争的进展,关心新中国的建设,他于1951年放弃在法国的优越条件,毅然回到祖国参加社会主义建设.其后他的思想有了很大的提高,对祖国的经济建设十分关心,对于国内重大建设及项目,他都如数家珍.20世纪70年代以后,他对中国文化有了更深刻的认识,通过自己的科研工作真正切实地做到复兴中国文化的优秀内核,而不是假爱国主义之名,恢复封建糟粕之实.看来吴文俊真正找到发扬爱国主义精神、弘扬中国传统文化的正确道路.

三角形几何的兴起、衰落和可能的东山再起:微型历史①

P. J. Davis

像三角形这么简单的图形其特性之丰富,令人叹为观止,其他图形未知的特性更不知多少,这不是很可能的吗?

A. L. Crelle(1780—1855)

1. 引言

在 Felix Klein 任总编辑的《数学科学大百科全书》中,有一篇长达百页的关于当代三角形几何的论文,该论文由 G. Berkhan 和 W. Fr. Meyer 于 1914 年秋季完成. 面对这篇论文,读者也许要问:三角形几何究竟是什么? 这时,如果读者去查阅《数学评论》的索引,在成

---

① 原题:The Rise,Fall,and Possible Transfiguration of Triangle Geometry:A Mini-history.
译自:The American Mathematical Monthly,Vol 102(1995),204-214.
周炳兰. 译. 常庚哲. 校.

Menelaus 定理

百条的子目录中,他将找不到三角形几何这一术语.微分几何,有的;凸几何,有的;有限几何,有的;三角形几何,没有!然而,百科全书的主要论文之一却着力阐述了这一论题. F. Cajori 在他的 1907 年的"数学史"中,也用了 6 页的篇幅来谈论它.那么,我们在这里要讨论什么?是将这个论题归类于其他?或者这一论题实质上不存在?什么是三角形几何?按照大百科全书作者们的观点,这是一个难于从逻辑上定义的学科.但是,似乎可以归纳为:任意给定一个三角形,某些点(包括直线和曲线)因此被确定下来,它们具有相对于该三角形来说重要的性质.三角形的内心、外心、垂心和重心就是这种点的例子.头三个点分别是三角形的内分角线、三中垂线和三条高的交点.这 4 个点在古代就已被研究过了.

1803 年,一位名叫 Kluegel 的数学家,把这 4 个点称为三角形的独特的点.在那以后的年代中,发现了一大批此类的点、线、圆和圆锥截线.它们是如此众多,以至于 Berkhan 和 Meyer 都无法把它们全都列举出来.一个点,一条直线,一个圆或一条二次曲线,如果是非常特殊,那就值得拥有一个特殊的名字.因此,作为某些进一步的例子,我们有 Fermat 点,Torricelli 点,Gergonne 点,Brocard 点和圆,Lemoine 点和圆,九点图,Euler 线,对称点,Steiner 点,等等.在 Kimberling 所著的《中心点……》一书中,列举了一百多个这种独特的点、线和圆.他不但给出了特殊的名字,而且记述了上述独特的点、线、圆的历史(例如说,Mackey 就写了对称点和九点圆的简史;Baptist 的一本新作陈述了19 世纪三角形几何的发展的若干事实).

附录2 三角形几何的兴起、衰落和可能的东山再起:微型历史

因此,Berkhan 和 Meyer 提出把"三角形中的独特点、直线、圆和二次曲线的研究"作为三角形几何的定义,而将关于何谓一个点是"独特"或"重要"的定义,留给了人们的主观判断.

在他自己的著名的"爱尔兰格纲领"中,Felix Klein 给出了一个比较成熟的定义,认为:三角形几何就是在射影群之下 5 点的不变量理论.可能这一定义不那么模糊,但我不认为该定义像它在历史上起过的作用那样抓住了这一课题的实质.

三角形几何,作为数学的一个重要的子领域,似乎始于 1870 年 E. Lemoine 的著作中.如果人们从那个时候之前和之后来考虑这个领域,就会发现:许多著名的数学家都对它做过一些贡献.我请读者自己来判断怎样才算一个著名的数学家.在全部和部分地致力于这一论题的书籍中,可以列举 Alasia,他是受到著名的几何学家 Eugenio Beltrami 的鼓励而写作的,后者当时是 Reale Accademia dei Lincei 的院长.在他的书中,除了别的东西之外,它含有三角形及其独特点的 566 个度量公式!其他的书还有 Altschiller-Court,Casey,Coolidge,Emmerich,Johnson.这些作者中的某些人在异常欣喜快乐的时刻,把三角形几何视为新的完备的欧几里得几何,非常像《新约》被声称是《旧约》的完备那样.

三角形几何的一个著名结果是"九点圆定理",它可以部分地追溯到 Poncelet(1820).这个定理断言:给定一个三角形,下列 9 个点是共圆的:三边上的中点,三条高的垂足,三条高在从三角形的顶点到垂心这一段上的中点.这仅仅是这个圆具有重要性质之一;例

如:这个圆同三角形的内切圆相切,也同三个旁切圆相切. 当人们第一次接触到这一定理时,会有某种惊异. 人们会有些惊讶地感觉到:多么美妙的巧合呀! 不过,如果看到这一定理可化为一个代数等式,或者可以放入更加一般的内容中,这种感觉就很快地消失了.

关于九点圆,还有许许多多可以探讨. 某些权威断言,在九点圆上,至少有 43 个独特的点. 九点圆定理已经造成了一个小小的数学工业(见 Gallatly). 如果考虑到一些选择公理,例如群论中的选择公理,可制造出一个庞大的数学工业,这件事自身并不值得奇怪. 更深一层,它将给读者一个概念:在许多年以前,学习九点圆受到高度的重视,杰出的分析学家 Mary Cartwright 夫人告诉我,当她到剑桥当学生的时候(1920),她被要求知道九点圆的两个不同的证明.

Emmerich 关于三角形几何的一篇论文,从 Brocard 点的观点提出这一论题. 由于 Brocard 的理论从来使我欣喜若狂,我将竭力不给出定义. 但是,我将提到一个使我着迷的定理. 当我是高中学生的时候,我从这一定理开始认识了数学.

拿破仑定理　在任意给定的三角形 T 的三边上,向外作三个等边三角形. 那么:

(1)这些等边三角形的中心,是一个等边三角形(外拿破仑三角形)的顶点.

(2)这等边三角形的顶点同 T 的、相对着的顶点联成的三条线段相交于一点,交点 P 称为 T 的内等角点. 就是说,P 是 T 内的对 T 的三边张成 $2\pi/3$ 的唯一的点.

(3)这三条线段有相等的长度.

附录2　三角形几何的兴起、衰落和可能的东山再起：微型历史

(4) 如果在 T 的三边上向内作等边三角形，类似的命题也成立.

(5) 内、外拿破仑三角形有相同的中心.

(6) 内、外拿破仑三角形的面积之差等于 T 的面积.

这里写出的只不过是有关拿破仑三角形的结构和概括的几个重要的性质.

我认为，这些例子能够使读者对三角形几何究竟是什么有个良好的认识. 关于许许多多更复杂的发展，可参考大百科全书中 Berkhan 和 Meyer 的论文以及更老的文献. 若参考其他的近代文献，可看 Kimberling.

三角形几何的定理是如何发现的？一般地说，数学文献通常不会直率地写出其中的材料是如何产生. 我只能这样推测，对许多数学而言，它们产生于长时间的"瞎折腾"，多方面的"瞎折腾"，就是说：用欧几里得的方式，与坐标无关. 但是，也可以用代数、三角，以及直角坐标、斜角坐标、齐次坐标、重心坐标、三线坐标、复数、共轭坐标和射影坐标，不时地使用一切手段. 有些教科书，例如被定位为是"高级 Euclid"，其方法具有很强的综合性.

毫无疑问，还有另外一种"瞎折腾"的方法，在三角形几何中，用直尺和圆规来作图是比较容易的，而且可以作得相当精确. 我想有许多定理就是用这一方式凭视觉发现的. 现在，可以用精确的计算机图形学来作这种"瞎折腾"，或者给这一古老而重要的活动以一个近代的新的命名：数学实验.

2. 三角形几何成了博物馆中的展品

在某种意义上,百科全书中的论文使对三角形几何的重视达到了顶峰. 论文的两位作者之一(Berkhan)死于第一次世界大战的战场,数学上壮志未酬身先死,年仅 32 岁. 他的死仿佛是一种预兆,三角形几何自身,也难逃过那次战争.

在美国,三角形几何被称为"高等几何"或"大学几何". 如果系里有对此感兴趣的教师就可以开出这些课程. 已出版好几种教科书. 1924 年由 Sommerville 出版的一本二次曲线的书(这是一本英国和新西兰的教材)中,许多三角形几何中的定理被"降级"作为学生的习题. 在近代,许多三角形几何的定理出现在 Coxeter 的书中,却不是这样处理的. 欧洲的数学教育中,Baptist 对三角形几何的作用做了详细的介绍.

1940 年,Eric Temple Bell 关于这一课题有如下的判断.

"20 世纪的几何学家早就虔诚地把这些珍品送进了几何博物馆,历史的尘埃很快地把这些珍品的光泽湮没"(《数学的发展》,第 323 页).

在一篇近代的论文中,Joseph Melkevitch 力图在课程教学中恢复所有的这些几何. 他列举了 58 个几何的子领域. 其中的第 23 个子领域称为"几何极值问题",列入了 Fermat-Steiner 点. 在他的列举中,除此之外,再没有三角形几何. 人们对几何的兴趣已经转向别处.

但是,三角形几何和它的推广——多边形几何(我通常用三角形几何这一术语来涵盖这种推广),过去是,现在仍然是问题行家们的娱乐和趣味的稳定的源

附录2 三角形几何的兴起、衰落和可能的东山再起:微型历史

泉,这些行家阅读《美国数学月刊》、《数学杂志》和《Crux Mathematicorum》以及这个或那个国家的类似的期刊.一个名叫 V. Thebanlt 的人,在几年之内提供了上千道几何问题.

关于这些课题的许多文章业已出现——其内容虽不全是解题——它们揭示了机敏的新方法和新的关系.因此 Jesse Douglas 提出了复数方法.I. J. Schoenberg 采用了复数和离散 Fourier 变换两种方法,常庚哲(Chang)和 Davis 从循环矩阵和 Moore-Penrose 广义逆矩阵的角度来审视拿破仑定理(见 Davis,1977,1979,Chang,Chang and Davis).Kimberling 从函数方程的立场研究了三角形几何,Baptist 则是从极值问题出发的.

除了作为平静而稳定的解题行为和偶尔的新的结果,这一课题是"水波不兴"的.总体上来说,数学家可能是"折腾"自己的东西作为一种松弛,他们甚至能达到极大的满足,但是,他们多半不曾希望他们的专业声誉将由这一方面的贡献来评定.

"曲已终而韵犹存."

3. 三角形几何为什么会消亡?

三角形几何短命的原因是什么?这些原因必须是强烈地和一致地依附于被数学的发展所公认的结果.虽然这是一个与罗马帝国的衰亡同样复杂的现象,我也可以提出几点.但是,我不能肯定我已经把握住了事物的核心.

(1)人们把该课题看作是初等的、"业余性质的",或者是娱乐性的数学,因此缺乏专业的性质.或者这个课题并不"深奥".人们心理上的感觉是:尽管一个命题

的证明并不十分明显和直截了当,人们总可以用解析几何的方法做出证明,因此,为什么自寻烦恼?

当谈及某些问题的专业性时,不得不涉及一个领域内部的挑战性和数学家的外部社会学之间的关系.后者包含着数学活动的报酬结构.数学家的某一群体可能称第二个群体为"业余水准",而第二个群体则可能指责对方为"精英主义"而予以反驳.这与音乐界有着相似之处.音乐界人士潜意识地把他们的产出划分为"古典音乐"、"古典轻音乐"、"通俗音乐"、"高雅音乐"、"下里巴人音乐",以及许多其他种类的音乐.

(2)内在的兴趣和理论以及方法的枯竭.

百科全书中 Berkhan 和 Meyer 的论文,未能提出新的挑战,也未能提出进一步发展的方向.更没有出现著名的、长期未能解决的问题,不像 Hilbert 提出的那些著名问题,引起人们的想象力和对数学天才提出挑战.从三角形几何中不能产生真正的新的思想.

但是,在这一方面,我要提到一个基本上是由三角形几何产生出来的思想,它类似于一个新近发展迅速的一个领域:计算复杂性.它似乎是从 E. Lemoine 在法国科学发展协会 1988 年大会(在 Orano 召开)的报告中提出来的.

计算复杂性的思想内容如下:从一个基本图形(通常是一个三角形)开始,构造一个特殊点或图,通常是用直尺和圆规,也可以用其他办法,再计算这样做所需的初等运算的数目.

Alasia 的初等作图(或运算)有下列 5 种.

①R_1:让一条直尺通过一个给定的点;

②R_2:画一条直线;

附录2 三角形几何的兴起、衰落和可能的东山再起:微型历史

③C_1:把圆规上的一只脚放在给定的一点上;

④C_2:把圆规上的一只脚放在一条线段的内点上;

⑤C_3:作一个圆.

现在,算出作出一个预期的图形需要多个这样的运算.称运算的总数为作图的"简单度".在提到的书籍中,可以看到许多作图的简单度已被计算机计算出来.例如:给定正五角形的一边,作出该五边形的外接圆,给出的计数是$8R_1+4R_2+11C_1+8C_3$,从而得到简单度的系数是31.

再一次地提出:基本的初等运算是几何的而不是算术的.即使这样,简单度的系数很像计算机复杂理论中计算浮点运算的总数.

就我能够确定的来说,构造性简单度的概念在它的时代无从发展,它已夭亡.

(3)三角形几何的"深层"结果之繁琐日趋明显.

(4)19世纪末,出现的几何学的观点极大地降低了视觉的重要性而青睐于代数的和符号的使用.

(5)惊讶的感觉对人们的影响此起彼伏.(天哪,这三条直线能在一点上相交吗?谁会预料到这一点呢?)但是,专业人士是面对太多的理论和太多的惊讶.于是,尺度逐渐淡化,从而导致心理上的贬值,所以可能造成厌烦.

(6)三角形几何学的一些内容被转移到其他传统的或新兴的领域中.例如:著名的关于射影的两个三角形的Desargues定理现在被看作是射影几何学的一部

分.其他定理作为反演几何学或代数几何学的一部分.

(7)和其他的被认为是"有生命力的"领域,特别是物理学等领域联系,并很少运用于这些领域.

然而,也有与之相反的例子.著书论述三角形几何学(B. H. Neumann,1941)的 Bernhasd Neumann 曾告诉我,他的父亲 Richard Neumann(一位电子工程师)独自发现了拿破仑定理,并把它应用于三相交流电路的理论之中.(R. Neumann,1911,1939. B. H. Neumann,1982)

(8)第二次世界大战之后,从许多其他的几何学领域出现了竞争,这些几何学通常有强烈的视觉部分,或自称有更广泛的应用性:例如:凸几何学、铺垫、对称和群论、分形、图论、计算几何学等等.

总之,地位问题可归结为:综述上列各种原因,也许还有其他一些原因,第一次世界大战后的主要数学家们没有一位认为三角形几何学非常重要.把它在地位上的变化放在由 Crowe 和 Wilder(Wilder,1968,1981)提议的数学进化的"法则"这一背景中将是令人感兴趣的.

4. 计算机的进入

很早就已看到,在视觉的、数值的、代数和逻辑的符号的方向上,计算机提供了数学检验的可能性.计算机提供了"机械化"和"自动化"的证明的可能性,也提供了发现和推广新的定理的可能性.

高速计算和方便的、高水平的语言的应用,针对以上那些目的策略,不可避免地回到了古老的三角形几何.三角形几何是"最早的计算和决定的数学理论之一".

附录2　三角形几何的兴起、衰落和可能的东山再起：微型历史

自动推理的领域当前极为活跃，被热情的研究者群体、国际会议和好多的专业杂志所夸赞．在这一方面，我们可以追寻数值这一方面．

让我们设想，已经给定了某个特定的几何图形．某些点、直线和曲线已经被它们特定的坐标所指定，而予期得到某些结论．设想结论可以由那些曲线以及插值于可用数据的曲线有限组交点而产生．执行一个数值的程序，达到我们的结论，或者由建立起来的特殊的数值情况来验证定理．我们甚至可以利用计算机图像仪可视地来做所有这一切．

大多数情况下，数值答案将是近似的，在有利的情形下，将是单个或多重精确度．改变数值参数，一组结果将被很快地显示出来，基于这一点，某些重要的现象、发现和定理可能被研究者推断出来．这类情形在计算机图形学中或者在计算机辅助几何工业设计(CAGD)中时有发生．

研究人员在某一具体实例中的正确性的标准如果并不仅限于需要大致的数值方面的核实，他就必须运用其他方法．如果给出的初始结构仅由直线构成，并明确了这些直线通过有着有理坐标的点，那么，所有的计算(从理论上讲)可以完全用有理算术来进行．

在具体的求值实例中，可采用一种方法来克服数值方面的普遍性的不足，我们将在著名的射影几何学的Pappus定理的例子中演示这一方法，它的初始结构是两条任意的直线，每一条直线上有三个任意的点．

如果这些点和线的坐标被看作是代数独立的实数，那么，在这一情况下，定理的证明可当作一般情况下定理的演示．(Davis，1977，Rowland and Davis，

Menelaus 定理

1981,1981,Schwartz,Hong and Tan)

结果,从数字方面来说,一组代数独立的数可能会是什么意思的问题则悬而未决.这一组数会作为我们的符号,对于所涉及的计算起作用,因此,将对上述说法产生影响.

人们或许会用具体的例子来说明,如"伪代数独立的"一组数字,把它们看作是随机的数字,并把它们理解成可能性的结果.接着,就会得到下面的理论:(仅限于某些情况下正确)如果某一定理符合一组任意选择的初始结构,那么它就符合所有的结构.这一理论使得数学老师们过去的限制性条款岌岌可危(这些条款对研究活动可以起到限制的作用).也就是说,你必须在所有的例子中证明它,而不是仅仅在一个具体的例子中做到这一点.同时,这使得在某些例子中有可能形成归纳方面的飞跃,有数学才智的人当他们面对逻辑上似乎并不完整的证据时常常这么做.

我们可以采取由 Greorge Pólya,在一系列普及书中阐述的启发法.我们可以把 Pólya 的启发法和人工智能的(AI)方法结合起来.

我们可以走逻辑学的路子.Tarski 已证明"Tarski 几何学"中的所有命题都可以被决定.但是,已经发现,用 Tarski 给出的两个基本谓词(其中一个介于两者之间,另一个作为间距)进行证明却不是一个有前景的方法.

我们可以使用符号,利用计算机软件包,例如 FORMAE(现在放置于古代软件博物馆中!),MAPLE,MACSYMA,MATHEMATICA,并且用一种朴素和特别的方法来证明 Pappus 定理.(Davis and

附录 2 三角形几何的兴起、衰落和可能的东山再起:微型历史

Cerutti)

我们也可以走一条相当深刻的代数路子,这条道路被吴文俊(Wu)、周咸青(Chou)、张景中(Zhang)和高小山(Gao)以及其他人走过. 在这条道路中,用到了 Ritt 原理,或者 Groebner 基这些代数概念.

在这里,我们采用 1988 年由周咸青所表述的吴文俊方法的策略.

第一步:首先把初始的几何结构转化为一组多项式方程. 把几何的结论转化为一个多项式方程.

这个初始结构(假设)将具体写为

$$h_1(u_1, u_2, \cdots, u_d; x_1, \cdots, x_t) = 0$$
$$h_2(u_1, u_2, \cdots, u_d; x_1, \cdots, x_t) = 0$$
$$\vdots$$
$$h_n(u_1, u_2, \cdots, u_d; x_1, \cdots, x_t) = 0$$

结论由下列方程给出

$$g(u_1, u_2, \cdots, u_d; x_1, \cdots, x_t) = 0$$

在这些方程中,u_i 为独立变量,而 x_i 是代数地依赖于 u_j 的.

第二步:用辗转相除法和 Ritt 的理论(或者你自己的方法),把多项式组三角形化. 这就是说将方程组 h_i 用新的方程组来代替,后一方程组每次只引入一个新的 x_i. 然后检查不可约性.

第三步:逐步地作展转相除法,在分析某些非退化的条件之后,以得到最后的余式 R,我们期望 $R=0$,这表明几何命题是正确的.

为指出这种方法在一些具体例子中的复杂性,周咸青报道说,证明所谓的初等几何中的 Thebault-Taylor 定理(包括线、圆、相交和相切),需要使用几乎

有 700 000 个项的多项式.(Davis 和 Cerutti 说,在他们的证明射影几何的 Pappus 定理时,使用的多项式多达 33 000 项)

5. 利用计算机生成新定理

已经发现了好多的方法.

进行视觉的、数值的、符号的"瞎折腾"——数学实验.例如,利用 MATLAB 矩阵包进行"瞎折腾"我已经在群矩阵方面找到了许多定理(未发表).大多数的实验者有类似的经验.

与视觉输出有关,我一直在为承认"视觉定理"的存在性辩护,这就是说一个计算机算法所生成的稳定的视觉模式,它能被眼睛所"看见",就无须文字化,更不要用传统的数学语言形式化.(作为一个平行的例子,哲学家 Susanne Langer 联系音乐谈到"音乐能表达相当微妙的感情的复杂性,这种复杂性别说用语言来表达,甚至说不出它的名称.")

程序化的启发法.此法似乎并不看好.(参看 e.e. Newell,1981) R. Davis 和 D. Lenat 写了一个程序,AM(Autonated Mathematitian).这个程序始于集合理论,并提议发明新的数学概念以及新的取决于许多自备启发法的推测.

不管采取什么方法,许多新的定理问世,其中有一些已引起人们的注意,使他们不仅感到惊讶,也激发了热情.

6. 三角形几何的东山再起

一个被历史的尘埃和灰烬所掩埋的科目能够东山再起吗?那仅仅只有它在变革之中才有可能.三角形几何的焦点现在一直在改变.计算机把它推上了一个

附录 2 三角形几何的兴起、衰落和可能的东山再起:微型历史

层次,而且在进程中计算机使这个课题面貌一新.文献中出现的成百的初等或不那么初等的定理,如今已被计算机证明.许多新的定理,在多种方法之下得以发现.三角形几何过去是为欧几里得精神作证明的实践的基地,如今已变成了决定性、证明和发现定理策略的实验基地.这些策略已经从朴素的阶段进入到近世代数和微分代数的深刻和抽象的结果.

但是,焦点的改变还产生出更多的东西:我相信,从这些改变中得到的经验能变成关于证明的本质、研究的方法论、直观的作用和本质、教育的价值等方面的哲学讨论的原料的来源.

这一工作还意味着什么? 一方面我认为满有把握地来写这些为时尚早,我也不揣冒昧地写上几点见解.

由于看到数学能够提供绝对的、根本的"把握"而受到美好的时期的困惑,数学界权威人士常用一些类型的"证明"来表达他们的不悦;如:视觉的、机械的、实验的、或然性的.这种态度可以追溯至阿基米德,如果无需要更早一些的话.

计算机证明,定理的发现以及数学实验现今已公开被承认为合法的获得数学知识的方法和途径.

因此,绝对严密的数学证明不再作为最理想的一种,而被看作是更为广泛、更为丰富、更具弹性的概念的一部分,我称之为"数学证据".

假设整个数学界的成果用定理的数目来衡量的话,每年大概是 10 万的数量级,那么在某个有限制的、已被钻研得很深的领域中,定理的自动生成还有什么用处? 正如 A. L. Crelle 在本文开头的引语中所正确评论的那样,最简单的数学结构能够生成无限的结论.

Menelaus 定理

因此,人们如何对付那些像炸面圈机里的面圈一样的数学成果呢?

在这个过程,个别的定理可能会降低价值.例如,在某种应用中,知道乘积 $12\ 563 \times 502 = 6\ 306\ 626$ 是极其重要的,但是,平均而论,这一用乘法等式表达的定理是非常烦琐的.

既然这种定理(算术的,三角形几何学的或任何一种)现在能够成百倍地产生,其重点势必从定理本身转向能够生成定理的手段.总的来说,媒介变成了信息.这是人们从代数替代了几何学中汲取的教训之一.这种替代产生于 Descartes 的革命性观点.

某个数学概念,不管它是三角形中的一个点或是整个复杂的理论,成为重要概念的过程无法使其定形.(Woos 将这个问题建立起来作为自动推理的 33 个基本研究难题之一)这是个历史过程,而且也许涉及整个科学界或是科学界的一些重要分支.

使用计算机进行证明的一些内在复杂性,由于深沉涉及有数百、数千个项的多项式,使人们对能产生这些结果的历史上的方法和传统方式有新的着眼点和理解.

神秘的、无所不在的、至关重要的"数学直觉连同它所包括的经验、类比、有根据的推测,以及超常的、无法解释的先天的知识,共同提高了 metalevel,而且现在能够在更为广泛的领域中作用."

就数学教育而言,我认为意思非常明确.古典的证明必须过来和其他获得数学证据和知识的方法共享教育的舞台和时间.数学教材必须改变欧几里得解释模式,它的僵化常常使人感到迟钝.

7. 结论

"整个文化世界,通过传统存在于它所形成的万事万物之中,这些形式不仅仅是由因果关系而引起……它们通过人类的活动起源于人类的空间中."

——E. Hussel《几何的根源》

胡作玄

参考文献

[1] 吴文俊.法国数学新派——布尔巴基派[J].科学通报,1951,4.

[2] 吴文俊.力学在几何中的应用[M].北京:人民教育出版社,1963.

[3] 吴文俊.《九章算术》与刘徽[M].北京:北京师范大学出版社,1982.

[4] 吴文俊.吴文俊文集[M].济南:山东教育出版社,1986.

[5] 吴文俊.秦九韶与《数书九章》[M].北京:北京师范大学出版社,1987.

[6] 吴文俊.现代数学新进展[M].合肥:安徽科学技术出版社,1988.

[7] 华罗庚,苏步青.中国大百科全书,数学卷[M].北京:中国大百科全书出版社,1988.

[8] 吴文俊.关于研究数学在中国的历史与现状[J].自然辩证法通讯,1990,12(4):37-39.

[9] 程民德.中国科学家传记第一集[M].太原:山西教育出版社,1993.

编辑手记

本书是一本老书的新版,据本书作者吴文俊先生介绍,本书是1962年成书的,起因是当时北京市数学会举办1962年数学竞赛(那时笔者还没出生).在竞赛之前,要先对中学生进行几次讲演,请到的都是当时中国最著名的数学家.有华先生、段先生、闵先生等,吴先生的那次讲演稿便是本书的主干,是由李倍信、江嘉禾两位先生记录,并由江嘉禾先生执笔整理的.一晃半个世纪过去了,不断有读者提起,确实在今天出版仍有新意.

为了做好本次出版工作,笔者首先做了一些案头工作,不妨一一列出,便于读者了解整个过程.

Menelaus 定理

首先遇到的第一个问题是书名问题,原来的书名直白平易,但现在数学和物理分割严重,这类既有力学又有几何的书很容易造成数学和物理的两类读者都不读,所以我们选取其中最开始提到的一个著名几何定理 Menelaus 定理作为书名.

第二个问题是现在的年青人与 20 世纪 80 年代的年青人有很大不同,同样都是追星,但所追之星大有不同.过去是追科学家:陈景润、华罗庚、钱学森,而现在是歌星和影星,所以即使像吴先生这样的大家,许多青年读者也并不熟知,因此附一个吴先生的传记对阅读本身很有必要.吴先生的传记很多,笔者大多都读过,比较之下选择了胡作玄先生写的这篇.原载自《世界数学家思想方法》一书,20 世纪 90 年代中期由山东教育出版社出版.

第三个问题是这样的,陈省身先生曾说过:中国的事如果跟吃没关系那一定是没前途的(原话记不清,大意是这样).同理,目前在中国,如果是给中小学生看的书,若与应试无关那注定是没有市场的.所以笔者先在各类数学竞赛试题中捡拾到一批用到 Menelaus 定理的.如:

1. 在 $\triangle ABC$ 中,E, F 分别为边 AB, AC 上的点,且满足 $\dfrac{BE}{AE} + \dfrac{CF}{AF} = 1$. 证明:$EF$ 过 $\triangle ABC$ 的重心.

(2009,新加坡数学奥林匹克)

证明 设 D 为边 AC 的中点.

由于 $\dfrac{CF}{AF} < 1$,故点 F 在线段 CD 上.

联结 BD,与 EF 交于点 G. 对 $\triangle ABD$ 及截线 EGF 应用 Menelaus 定理得

$$\dfrac{DG}{GB} \cdot \dfrac{BE}{EA} \cdot \dfrac{AF}{FD} = 1$$

$$\Rightarrow \dfrac{BG}{GD} = \dfrac{BE}{EA} \cdot \dfrac{AF}{FD} = \left(1 - \dfrac{CF}{AF}\right)\dfrac{AF}{FD} = \dfrac{AF - CF}{FD}$$

又 $AF = AD + DF$,$CF = CD - DF$,$AD = CD$,则 $AF - CF = 2DF$. 故 $\dfrac{BG}{GD} = \dfrac{2DF}{DF} = 2$. 从而,$EF$ 过 $\triangle ABC$ 的重心.

2. 已知 G 为 $\triangle ABC$ 的重心,M 为边 BC 的中点,过点 G 作 BC 的平行线分别与边 AB,AC 交于点 E,F,EC 与 BG 交于点 Q,FB 与 CG 交于点 P. 证明:$\triangle MPQ \backsim \triangle ABC$.

(第三届亚太地区数学竞赛)

证明 如图 1,延长 BG,与 AC 交于点 N.

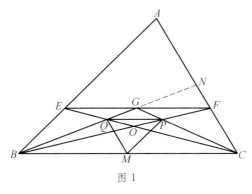

图 1

Menelaus 定理

则 N 为边 AC 的中点,$\dfrac{NC}{CA}=2$.

由 $EF \parallel BC$,知 $\dfrac{AE}{EB}=\dfrac{AG}{GM}=2$.

对 $\triangle ABN$ 及截线 EQC 应用 Menelaus 定理得

$$\dfrac{AE}{EB}\cdot\dfrac{BQ}{QN}\cdot\dfrac{NC}{CA}=1 \Rightarrow 2\cdot\dfrac{BQ}{QN}\cdot\dfrac{1}{2}=1$$

$$\Rightarrow BQ=QN \Rightarrow MQ \parallel AC$$

类似地,$MP \parallel AB$. 因为

$$\dfrac{GQ}{QB}=\dfrac{EG}{BC}=\dfrac{GF}{BC}=\dfrac{GP}{PC}$$

所以

$$PQ \parallel BC \Rightarrow \triangle MPQ \backsim \triangle ABC$$

注 1 $\triangle MPQ$ 与 $\triangle ABC$ 是位似的,位似中心为 O.

注 2 当证明出了 $MQ \parallel AC$,则

$$MQ=\dfrac{1}{2}CN=\dfrac{1}{4}AB,\angle QMB=\angle ACB$$

类似地

$$MP \parallel AB, MP=\dfrac{1}{4}AB, \angle PMC=\angle ABC$$

因为

$$\angle BAC+\angle ACB+\angle ABC=180°$$
$$\angle PMQ+\angle QMB+\angle PMC=180°$$

所以,$\angle BAC=\angle PMQ$. 又 $\dfrac{MP}{MQ}=\dfrac{AB}{AC}$,故 $\triangle MPQ \backsim \triangle ABC$.

3. 如图 2,D 为 $\triangle ABC$ 内的一点,BD 与 AC,CD

与 AB 分别交于点 E, F, 且 $AF=BF=CD$, $CE=DE$. 求 $\angle BFC$ 的度数.

(2003, 日本数学奥林匹克)

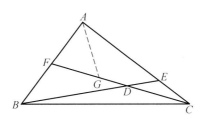

图 2

解 如图 2, 设 G 为线段 FC 上的点, 使得 $FG=AF$, 联结 AG.

因为 $CE=DE$, 所以
$$\angle ECD = \angle EDC = \angle FDB$$
又 $FG=AF=CD$, 则
$$GC=CD+DG=FG+GD=DF$$
对 $\triangle ABE$ 及截线 FDC 应用 Menelaus 定理得
$$\frac{BF}{FA} \cdot \frac{AC}{CE} \cdot \frac{ED}{DB} = 1$$
由 $AF=FB$, $CE=DE$, 知 $AC=DB$. 从而, $\triangle ACG \cong \triangle BDF \Rightarrow AG=BF$.

故 $\triangle AFG$ 为等边三角形, $\angle AFG=60°$, 于是 $\angle BFC=120°$.

4. 如图 3, 四边形 $ABCD$ 内接于圆 O, 延长 AB, DC 交于点 P, 延长 AD, BC 交于点 Q, 过 Q 作该圆的两

Menelaus 定理

条切线,切点分别 E,F. 证明: P,E,F 三点共线.

(1997,中国数学奥林匹克)

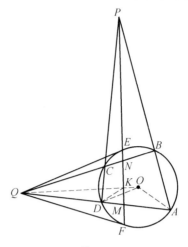

图 3

证明 如图 3,联结 OQ,与 EF 交于点 K.

由切割线定理和射影定理知

$$QD \cdot QA = QE^2 = QK \cdot QO$$

从而 D,A,Q,K 四点共圆.

联结 KD,KA,OD,OA,则

$$\angle QKD = \angle DAO = \angle ODA = \angle OKA$$

于是,QK 为 $\angle AKD$ 的外角平分线.

又 $EF \perp OQ$,则 EF 平分 $\angle AKD$.

设 EF 分别与 AD,BC 交于点 M,N,则

$$\frac{DM}{MA} = \frac{DK}{AK} = \frac{DQ}{AQ}$$

$$\Rightarrow \frac{DQ}{DM} = \frac{AQ}{AM} = \frac{DQ+AQ}{AM+DM} = \frac{DQ+AQ}{AD}$$

$$\Rightarrow \frac{MQ}{DM} = 1 + \frac{DQ}{DM} = 1 + \frac{DQ+QA}{AD} = \frac{2AQ}{AD}$$

类似地，$\frac{QN}{CN} = \frac{2BQ}{BC}$.

对 $\triangle QCD$ 及截线 PBA 应用 Menelaus 定理得

$$\frac{CP}{PD} \cdot \frac{DA}{AQ} \cdot \frac{QB}{BC} = 1$$

故

$$\frac{CP}{PD} \cdot \frac{DM}{MQ} \cdot \frac{QN}{NC} = \frac{CP}{PD} \cdot \frac{AD}{2AQ} \cdot \frac{2BQ}{BC} = 1$$

由 Menelaus 定理的逆定理，知 P, M, N 三点共线.

从而 P, E, F 三点共线.

接着又在各级各类考试中搜寻可以用力学方法解决的数学试题，最先找到的竟是一道日本的大学生入学试题.

如图 4，把重为 20 N 的物体用绳挂在 A, B 两点处，$\angle AOC = 150°$，$\angle BOC = 120°$. 作用在 OA 上的力是 $(a_1 b_1) \sqrt{(c_1)}$ N，作用在 OB 上的力是 $(d_1 e_1)$ N.

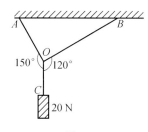

图 4

答 $a_1 \cdots 1, b_1 \cdots 0, c_1 \cdots 3, d_1 \cdots 1, e_1 \cdots 0$.

125

Menelaus 定理

解 在 OA, OB 的作用力分别用 f_1, f_2 表示，重力用 f_3 表示．因为这三个力平衡，所以应用正弦定理

$$\frac{|f_1|}{\sin 120°} = \frac{|f_2|}{\sin 150°} = \frac{|f_3|}{\sin 90°}$$

因为 $|f_3| = 20$，所以

$$|f_1| = 20 \times \frac{\sin 120°}{\sin 90°} = 10\sqrt{3}$$

$$|f_2| = 20 \times \frac{\sin 150°}{\sin 90°} = 10$$

($\sin 90° = 1$, $\sin 120° = \frac{\sqrt{3}}{2}$, $\sin 150° = \frac{1}{2}$)

参考 作用于一点 O 的三个力 f_1, f_2, f_3 平衡时，每两个力作成的角如图 5(a) 中的 θ_1, θ_2, θ_3，则

$$\frac{|f_1|}{\sin \theta_1} = \frac{|f_2|}{\sin \theta_2} = \frac{|f_3|}{\sin \theta_3}$$

成立(正弦定理)．

证明 如图 5(b)，$\overrightarrow{OP} = f_1$, $\overrightarrow{OQ} = f_2$, $\overrightarrow{OR} = f_3$, $\overrightarrow{OS} = f_2 + f_3$．因为三个力平衡，所以

$$f_1 + f_2 + f_3 = \mathbf{0}$$

从而

$$\overrightarrow{OS} = -\overrightarrow{OP}$$

所以

$$|\overrightarrow{OS}| = |f_1|$$

又 $\angle POQ = \theta_3$, $\angle QOS = \pi - \theta_3$, 同样, $\angle ROS = \pi - \theta_2$, 由 $QS \,/\!/\, OR$, 所以

$$\angle QSO = \pi - \theta_2$$

$$\angle OQS = \pi - \theta_1$$

编辑手记

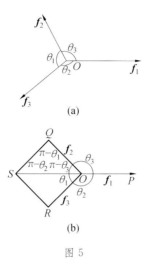

图 5

在 △OQS 中,应用正弦定理

$$\frac{|f_1|}{\sin(\pi-\theta_1)} = \frac{|f_2|}{\sin(\pi-\theta_2)} = \frac{|f_3|}{\sin(\pi-\theta_3)}$$

$$\frac{|f_1|}{\sin\theta_1} = \frac{|f_2|}{\sin\theta_2} = \frac{|f_3|}{\sin\theta_3}$$

力学与数学关系很密切,更多的时候是数学的概念及方法帮助解决一些力学中的特殊问题. 举一个有趣的例子,在杂志《力学与实践》中有一个"小问题"栏目,在 1986 年和 1987 年各有一个力学问题,被当时河南大学数学系的高建国用数学的幻方程论解决了.

题目 设位于同一平面中的 n^2 个点排成 n 行,n 列(见图 6,图中的 n^2 个点只画出了位于四个角的一部分,n 为整数,$n \geqslant 3$),并且任意两相邻行和相邻列之间

Menelaus 定理

的距离都相等.记这 n^2 个点中位于四个角的点分别为 A,B,C,D，则有 $AB \perp AD$.(1)现有 n^2 个质点，这些质点中质量为 i 克 ($1 \leqslant i \leqslant n$) 的质点数目有且仅有 n 个.试问如何将这 n^2 个质点分布在

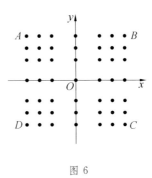

图 6

图 6 中的 n^2 个点的位置上(使每个点上都有一个质点)，才能使质点系的质心恰好在 AC 和 BD 的交点上？(2)若仅把 n^2 个质点换成质量分别依次为 1 克，2 克，$\cdots$，n^2 克的 n^2 个质点，那么问题的答案又将如何？

解 (1)首先介绍一个数学概念.由元素 $1,2,\cdots,n$ 构成的 n 阶方阵 A，若其每行、每列中 $1,2,\cdots,n$ 各出现一次，则称 A 为一个 n 阶拉丁方.

令 $B=(b_{ij})$ 为由元素 $1,2,\cdots,n$ 构成的一个 n 阶拉丁方.对于 $1 \leqslant i,j \leqslant n$，在图 6 中位于第 i 行，第 j 列的点上放置一个质量为 b_{ij} 克的质点，则有

$$\sum_{i=1}^{n} b_{ij} = \sum_{j=1}^{n} b_{ij} = \sum_{i=1}^{n} i = M \qquad ①$$

即 B 的任一行或任一列的元素之和均为 $M = \sum_{i=1}^{n} i$.这样得到的由给定的 n^2 个质点所构成的质点系即为所求的质点系.证明如下：

在这个质点系中建立直角坐标系 xOy，O 为 AC 与 BD 的交点，x 轴平行于线段 AB，y 轴平行于线段

BC,x 轴与 y 轴的单位长度即为相邻两行(或两列)间的距离.

在 xOy 中,记位于第 i 行,第 j 列的质量为 b_{ij} 的质点的横坐标为 x_j,纵坐标为 y_i,又记质系质心的坐标为 (x_0, y_0),则显然有

$$\left. \begin{aligned} x_0 &= \frac{\sum_{i,j=1}^{n} b_{ij} x_j}{\sum_{i,j=1}^{n} b_{ij}} = \frac{\sum_{j=1}^{n} (x_j \sum_{i=1}^{n} b_{ij})}{\sum_{j=1}^{n} (\sum_{i=1}^{n} b_{ij})} = \frac{M \sum_{j=1}^{n} x_j}{nM} = 0 \\ y_0 &= \frac{\sum_{i,j=1}^{n} b_{ij} y_i}{\sum_{i,j=1}^{n} b_{ij}} = \frac{\sum_{i=1}^{n} (y_i \sum_{j=1}^{n} b_{ij})}{\sum_{i=1}^{n} (\sum_{j=1}^{n} b_{ij})} = \frac{M \sum_{i=1}^{n} y_i}{nM} = 0 \end{aligned} \right\} \quad ②$$

故按 n 阶拉丁方规律所得质点系即为第一问所求.

(2) 第 2 问中涉及另一个数学概念. 由元素 $1, 2, \cdots, n^2$ 所构成的 n 阶方阵 A,若其每行、每列及两条对角线中诸数之和均相同,即为 $n(n^2+1)/2$,则称 A 为一个 n 阶幻方. 对于 $n \geqslant 3$ 的整数,现在已经证明 n 阶幻方都存在,并且可以具体构造出来.

令 $H = (h_{ij})$ 为一个 n 阶幻方,对于 $1 \leqslant i, j \leqslant n$,在图 6 中位于第 i 行,第 j 列的点上放置一个质量为 h_{ij} 克的质点,这样就恰好得到由给定的 n^2 个质点所构成的质点系. 与在前面解答中完全相同地建立直角坐标系 xOy,容易证明,上面所建立的质点系的质心恰好在点 O.

上面令 $H = (h_{ij})$ 为一个 n 阶幻方,要求过强了一

点. 事实上, 只要 H 的每行及每列中诸数之和均相同即可(不必考虑对角线). 对于取定的整数 $n \geqslant 3$, 满足这样条件的 n 阶方阵要比 n 阶幻方容易构造, 并且其数量也比 n 阶幻方多.

中国的数学教育在中学阶段精英部分是数学竞赛和自主招生考试, 而且自主招生考试更受重视, 因为很多人竞赛也是为了升学. 在自主招生考试中北大和清华的试题最受关注. 为了使本书内容能够对自主招生考试有所帮助, 笔者着实下了一番工夫. 经过做功课发现, 不仅有关联而且还有大关联、妙关联, 以下是笔者整理的一点资料列于后, 供功利心强的读者阅读.

2011 年北京大学自主招生考试试题中有这样一道题:

题目 已知 $(x_1, y_1), (x_2, y_2), (x_3, y_3)$ 是圆 $x^2 + y^2 = 1$ 上的三点, 且满足 $x_1 + x_2 + x_3 = 0, y_1 + y_2 + y_3 = 0$. 证明: $x_1^2 + x_2^2 + x_3^2 = y_1^2 + y_2^2 + y_3^2 = \dfrac{3}{2}$.

我们先证一个引理.

引理 若 $|z_1| = |z_2| = |z_3| = 1$, 且 $z_1 + z_2 + z_3 = 0$. 证明: z_1, z_2, z_3 是内接于单位圆 $|z| = 1$ 的一个正三角形的顶点.

证法 1 因为
$$|z_1 - z_2|^2 + |z_1 + z_2|^2 = 2(|z_1|^2 + |z_2|^2) = 4$$
由

$$z_1 + z_2 + z_3 = 0 \Rightarrow$$
$$z_1 + z_2 = -z_3 \Rightarrow$$
$$|z_1 + z_2| = |z_3| = 1$$

得
$$|z_1 - z_2|^2 = 4 - 1 \Rightarrow |z_1 - z_2| = \sqrt{3}$$

同理
$$|z_2 - z_3| = \sqrt{3}, |z_1 - z_3| = \sqrt{3}$$

所以,三角形三边长相等且等于 $\sqrt{3}$,z_1,z_2,z_3 是内接于单位圆的正三角形的顶点.

证法 2 设
$$z_k = r_k(\cos \theta_k + \sin \theta_k), k = 1, 2, 3, r_k = 1 = |z_k|$$

因为
$$z_1 + z_2 + z_3 = 0$$

所以
$$\cos \theta_1 + \cos \theta_2 + \cos \theta_3 = 0$$
$$\sin \theta_1 + \sin \theta_2 + \sin \theta_3 = 0$$
$$(\cos \theta_1 + \cos \theta_2)^2 = -(\cos \theta_3)^2$$
$$(\sin \theta_1 + \sin \theta_2)^2 = -(\sin \theta_3)^2$$

将两边相加,得
$$2 + 2\cos \theta_1 \cos \theta_2 + 2\sin \theta_1 \sin \theta_2 = 1$$

故
$$\cos(\theta_2 - \theta_1) = -\frac{1}{2} \Rightarrow \theta_2 - \theta_1 = \frac{2}{3}\pi$$

同理
$$\theta_1 - \theta_3 = \frac{2}{3}\pi$$

Menelaus 定理

于是知,z_1,z_2,z_3 是内接于单位圆的正三角形的顶点. 如图 7 所示.

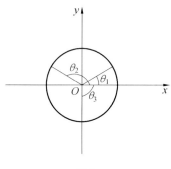

图 7

证法 3 因为
$$(z-z_1)(z-z_2)(z-z_3) =$$
$$z^3 - (z_1+z_2+z_3)z^2 + (z_1z_2+z_1z_3+z_2z_3)z - z_1z_2z_3$$

而
$$z_1+z_2+z_3 = 0$$
$$|z_k|^2 = 1 = z_k\overline{z_k} \Rightarrow \overline{z_k} = \frac{1}{z_k}$$
$$z_1z_2+z_1z_3+z_2z_3 = z_1z_2z_3\left(\frac{1}{z_3}+\frac{1}{z_2}+\frac{1}{z_1}\right) =$$
$$z_1z_2z_3\overline{(z_1+z_2+z_3)} = 0$$

所以
$$(z-z_1)(z-z_2)(z-z_3) = z^3 - z_1z_2z_3$$

而 $|-z_1z_2z_3|=1$,故 z_1,z_2,z_3 是 $z^3-z_1z_2z_3=0$ 的三个根,是内接于单位圆的正三角形的顶点.

证法 4 设

编辑手记

$$z_k = x_k + \mathrm{i}y_k, k=1,2,3$$

由已知条件可得

$$\begin{cases} x_1 + x_2 + x_3 = 0 \\ y_1 + y_2 + y_3 = 0 \end{cases}, x_k^2 + y_k^2 = 1$$

将 $x_1 = -(x_2 + x_3), y_1 = -(y_2 + y_3)$ 代入 $x^2 + y^2 = 1$,得

$$2(x_2 x_3 + y_2 y_3) = -1 \overset{同理}{\Longrightarrow}$$

$$2(x_1 x_2 + y_1 y_2) = 2(x_1 x_2 + y_1 y_3)$$

所以

$$(x_1 - x_2)^2 + (y_1 - y_2)^2 = (x_2 - x_3)^2 + (y_2 - y_3)^2 = (x_3 - x_1)^2 + (y_3 - y_1)^2$$

即

$$|z_1 - z_2| = |z_2 - z_3| = |z_3 - z_1|$$

于是知,z_1, z_2, z_3 是内接于单位圆的正三角形的顶点.

有了这个定理,这个试题的证明就变得显然了.

若从几何变换的角度看,此题会有另一流畅自然的解法.

如图 8 所示,设点 $P_1(x_1, y_1), P_2(x_2, y_2), P_3(x_3, y_3)$.于是

$$\overrightarrow{OP}_1 = (x_1, y_1)$$

$$\overrightarrow{OP}_2 = (x_2, y_2)$$

$$\overrightarrow{OP}_3 = (x_3, y_3)$$

由 $|\overrightarrow{OP}_1| = |\overrightarrow{OP}_2| = |\overrightarrow{OP}_3| = 1$,得点 O 是 $\triangle P_1 P_2 P_3$ 的外心;由 $\overrightarrow{OP}_1 + \overrightarrow{OP}_2 + \overrightarrow{OP}_3 = \mathbf{0}$,得点 O 也

Menelaus 定理

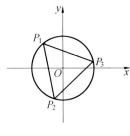

图 8

是 $\triangle P_1P_2P_3$ 的重心,所以 $\triangle P_1P_2P_3$ 是正三角形.

正是因为 $\triangle P_1P_2P_3$ 是圆 $x^2+y^2=1$ 的内接正三角形,所以无论点 P_1,P_2,P_3 在圆 $x^2+y^2=1$ 上如何运动,可以认为以点 O 为旋转中心,以 $\dfrac{2\pi}{3}$ 为旋转角将点 P_1 进行旋转变换得到点 P_2,同理可由点 P_2 得到点 P_3,点 P_3 得到点 P_1.

于是,由旋转变换公式有

$$\begin{cases} x_1 = x_3\cos\dfrac{2\pi}{3} - y_3\sin\dfrac{2\pi}{3} = -\dfrac{1}{2}x_3 - \dfrac{\sqrt{3}}{2}y_3 \\ y_1 = x_3\sin\dfrac{2\pi}{3} + y_3\cos\dfrac{2\pi}{3} = \dfrac{\sqrt{3}}{2}x_3 - \dfrac{1}{2}y_3 \end{cases}$$

$$\begin{cases} x_2 = x_3\cos\left(-\dfrac{2\pi}{3}\right) - y_3\sin\left(-\dfrac{2\pi}{3}\right) = -\dfrac{1}{2}x_3 + \dfrac{\sqrt{3}}{2}y_3 \\ y_2 = x_3\sin\left(-\dfrac{2\pi}{3}\right) + y_3\cos\left(-\dfrac{2\pi}{3}\right) = -\dfrac{\sqrt{3}}{2}x_3 - \dfrac{1}{2}y_3 \end{cases}$$

所以

$$x_1^2 + x_2^2 + x_3^2 = \left(-\dfrac{1}{2}x_3 - \dfrac{\sqrt{3}}{2}y_3\right)^2 +$$

$$\left(-\frac{1}{2}x_3 + \frac{\sqrt{3}}{2}y_3\right)^2 + x_3^2 =$$

$$\frac{3}{2}x_3^2 + \frac{3}{2}y_3^2 = \frac{3}{2}$$

$$y_1^2 + y_2^2 + y_3^2 = \left(\frac{\sqrt{3}}{2}x_3 - \frac{1}{2}y_3\right)^2 +$$

$$\left(-\frac{\sqrt{3}}{2}x_3 - \frac{1}{2}y_3\right)^2 + y_3^2 =$$

$$\frac{3}{2}x_3^2 + \frac{3}{2}y_3^2 = \frac{3}{2}$$

类似的孔志文还研究了如下问题:如图 9,设点 P 为圆 O(半径为 r) 内一定点,过点 P 作圆的 n 条弦 $A_1B_1,A_2B_2,\cdots,A_nB_n$,每相邻两条弦夹角为 $\frac{\pi}{n}$,则有以下两个结论:

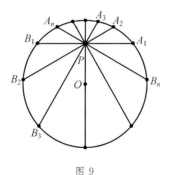

图 9

(1) $A_1B_1^2 + A_2B_2^2 + \cdots + A_nB_n^2$ 为定值;

(2) $PA_1^2 + PB_1^2 + PA_2^2 + PB_2^2 + \cdots + PA_n^2 + PB_n^2$ 为定值.

证明 (1) 如图 10,以 O 为坐标原点,平行于

Menelaus 定理

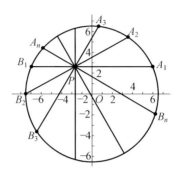

图 10

A_1B_1 的直线为 x 轴建立如下平面直角坐标系,设 $P(a,b)$,直线 $A_1B_1, A_2B_2, \cdots, A_nB_n$ 的倾斜角分别为 $\alpha_1, \alpha_2, \cdots, \alpha_n$,则直线 A_1B_1 的参数方程为
$\begin{cases} x = a + t\cos\alpha_1 \\ y = b + t\sin\alpha_1 \end{cases}$ (t 为参数,α_1 为直线 A_1B_1 倾斜角),
代入圆方程 $x^2 + y^2 = r^2$ 得:$(a + t\cos\alpha_1)^2 + (b + t\sin\alpha_1)^2 = r^2$,即

$$t^2 + 2(a\cos\alpha_1 + b\sin\alpha_1)t + a^2 + b^2 - r^2 = 0 \quad ①$$

(t_1, t_2 为方程 ① 两实根)则

$A_1B_1^2 = (t_1 - t_2)^2 = (t_1 + t_2)^2 - 4t_1t_2 =$
$\quad 4(a\cos\alpha_1 + b\sin\alpha_1)^2 - 4(a^2 + b^2 - r^2) =$
$\quad 4(a^2\cos^2\alpha_1 + b^2\sin^2\alpha_1 + ab\sin 2\alpha_1) -$
$\quad 4(a^2 + b^2 - r^2) =$
$\quad 2a^2(\cos 2\alpha_1 + 1) + 2b^2(1 - \cos 2\alpha_1) +$
$\quad 4ab\sin 2\alpha_1 - 4(a^2 + b^2 - r^2) =$
$\quad (2a^2 - 2b^2)\cos 2\alpha_1 +$
$\quad 4ab\sin 2\alpha_1 - 2(a^2 + b^2) + 4r^2$

同理有

$$A_k B_k^2 = (2a^2 - 2b^2)\cos 2\alpha_k + 4ab\sin 2\alpha_k - 2(a^2 + b^2) + 4r^2 (k = 2, 3, \cdots, n)$$

因此

$$A_1 B_1^2 + A_2 B_2^2 + \cdots + A_n B_n^2 =$$
$$(2a^2 - 2b^2)\sum_{k=1}^{n}\cos 2\alpha_k + 4ab\sum_{k=1}^{n}\sin 2\alpha_k - 2n(a^2 + b^2) + 4nr^2$$

由于

$$\alpha_k = \frac{(k-1)\pi}{n}$$

所以

$$A_1 B_1^2 + A_2 B_2^2 + \cdots + A_n B_n^2 =$$
$$(2a^2 - 2b^2)\sum_{k=0}^{n-1}\cos\frac{2k\pi}{n} +$$
$$4ab\sum_{k=0}^{n-1}\sin\frac{2k\pi}{n} - 2n(a^2 + b^2) + 4nr^2$$

下面证明：$\sum_{k=0}^{n-1}\cos\frac{2k\pi}{n} = \sum_{k=0}^{n-1}\sin\frac{2k\pi}{n} = 0$. 我们构造复数 $w = \cos\frac{2\pi}{n} + i\sin\frac{2\pi}{n}$，则

$$w^n = \cos 2\pi + i\sin 2\pi = 1$$

故有

$$w^n - 1 = 0$$

即

$$(w - 1)(w^{n-1} + w^{n-2} + \cdots + 1) = 0$$

而 $w - 1 \neq 0$，所以

137

Menelaus 定理

$$w^{n-1} + w^{n-2} + \cdots + 1 = 0$$

因此

$$\cos\frac{2(n-1)\pi}{n} + \mathrm{i}\sin\frac{2(n-1)\pi}{n} + \cos\frac{2(n-2)\pi}{n} +$$
$$\mathrm{i}\sin\frac{2(n-2)\pi}{n} + \cdots + \cos\frac{2\pi}{n} + \mathrm{i}\sin\frac{2\pi}{n} + 1 = 0$$

即

$$\left(\cos\frac{2(n-1)\pi}{n} + \cos\frac{2(n-2)\pi}{n} + \cdots + \cos\frac{2\pi}{n} + 1\right) +$$
$$\mathrm{i}\left(\sin\frac{2(n-1)\pi}{n} + \sin\frac{2(n-2)\pi}{n} + \cdots + \sin\frac{2\pi}{n}\right) = 0$$

所以

$$\sum_{k=0}^{n-1} \cos\frac{2k\pi}{n} = \sum_{k=0}^{n-1} \sin\frac{2k\pi}{n} = 0$$

到此为止，我们得到

$$A_1B_1^2 + A_2B_2^2 + \cdots + A_nB_n^2 =$$
$$-2n(a^2 + b^2) + 4nr^2 = 4nr^2 - 2nd^2$$

（其中 $d = |OP| = \sqrt{a^2 + b^2}$），猜想(1)得到了证明.

对于(2)：事实上

$$PA_1^2 + PB_1^2 = t_1^2 + t_2^2 = (t_1 - t_2)^2 + 2t_1t_2 =$$
$$A_1B_1^2 + 2(a^2 + b^2 - r^2)$$

因此

$$PA_1^2 + PB_1^2 + PA_2^2 + PB_2^2 + \cdots + PA_n^2 + PB_n^2 =$$
$$A_1B_1^2 + A_2B_2^2 + \cdots + A_nB_n^2 + 2n(a^2 + b^2 - r^2) =$$
$$4nr^2 - 2nd^2 + 2n(a^2 + b^2 - r^2) = 2nr^2$$

为定值.

下面从仿射变换的角度看：

重心在原点的椭圆（或圆）内接三角形的三个性质：

性质 1 若 $A_i(x_i,y_i)(i=1,2,3)$ 是椭圆（或圆）：$\dfrac{x^2}{a^2}+\dfrac{y^2}{b^2}=1(a>0,b>0)$ 上的三个不同点，点 A_i 的离心角为 θ_i，且 $\triangle A_1A_2A_3$ 的重心是原点，则 $\cos(\theta_i-\theta_j)=-\dfrac{1}{2}(i,j\in\{1,2,3\},i\neq j)$.

性质 2 若 $A_i(x_i,y_i)(i=1,2,3)$ 是椭圆（或圆）：$\dfrac{x^2}{a^2}+\dfrac{y^2}{b^2}=1(a>0,b>0)$ 上的三个不同点，且 $\triangle A_1A_2A_3$ 的重心是原点，则

$$x_1^2+x_2^2+x_3^2=\frac{3}{2}a^2, y_1^2+y_2^2+y_3^2=\frac{3}{2}b^2.$$

性质 3 若 $A_i(x_i,y_i)(i=1,2,3)$ 是椭圆（或圆）：$\dfrac{x^2}{a^2}+\dfrac{y^2}{b^2}=1(a>0,b>0)$ 上的三个不同点，且 $\triangle A_1A_2A_3$ 的重心是原点，则 $S_{\triangle A_1A_2A_3}=\dfrac{3\sqrt{3}}{4}ab$.

若从仿射变换的角度看这三个性质，其证明会更简洁.

对于椭圆 $\dfrac{x^2}{a^2}+\dfrac{y^2}{b^2}=1(a>b>0)$，令 $x'=\dfrac{x}{a}$，$y'=\dfrac{y}{b}$ 得圆 $x'^2+y'^2=1$. 同时，椭圆上三点 $A_1(x_1,y_1)$，$A_2(x_2,y_2)$，$A_3(x_3,y_3)$ 分别对应圆上三点 $P_1'(x_1',y_1')$，$P_2'(x_2',y_2')$，$P_3'(x_3',y_3')$. 因为

$$x_1+x_2+x_3=0 \Leftrightarrow x_1'+x_2'+x_3'=0$$

Menelaus 定理

$$y_1 + y_2 + y_3 = 0 \Leftrightarrow y_1' + y_2' + y_3' = 0$$

所以 $\triangle A_1 A_2 A_3$ 的重心是原点,则 $\triangle P_1' P_2' P_3'$ 的重心也是原点. 反之亦然.

另外,对于圆 $x'^2 + y'^2 = 1$ 上三点 $P_1'(x_1', y_1')$, $P_2'(x_2', y_2'), P_3'(x_3', y_3')$,无论怎样运动,只要注意到运动下的不变性,即 $\triangle P_1' P_2' P_3'$ 是正三角形,就能得到一些意料之外而又在情理之中的收获.

因此,对于圆 $x'^2 + y'^2 = 1$ 上三点 $P_2'(x_1', y_1')$, $P_2'(x_2', y_2'), P_3'(x_3', y_3')$ 而言,发现变化中的第一个不变

$$x_1' x_2' + y_1' y_2' = x_2' x_3' + y_2' y_3' = x_1' x_3' + y_1' y_3' = -\frac{1}{2}$$

由变换 $x' = \dfrac{x}{a}, y = \dfrac{y}{b}$,有

$$\frac{x_1 x_2}{a^2} + \frac{y_1 y_2}{b^2} = \frac{x_2 x_3}{a^2} + \frac{y_2 y_3}{b^2} = \frac{x_1 x_3}{a^2} + \frac{y_1 y_3}{b^2} = -\frac{1}{2}$$

①

若椭圆 $\dfrac{x^2}{a^2} + \dfrac{y^2}{b^2} = 1 (a > b > 0)$ 上的点 A_i 的离心角为 θ_i,则 $x_i = a \cos \theta_i, y_i = b \sin \theta_i (i = 1, 2, 3)$,代入式①得

$$\cos(\theta_i - \theta_j) = -\frac{1}{2} (i, j \in \{1, 2, 3\}, i \neq j)$$

这就是性质 1.

变化中的第二个不变:

由原题目的证明可知

$$x_1'^2 + x_2'^2 + x_3'^2 = y_1'^2 + y_2'^2 + y_3'^2 = \frac{3}{2}$$

编辑手记

由变换 $x'=\dfrac{x}{a}, y'=\dfrac{y}{b}$,有

$$\dfrac{x_1^2}{a^2}+\dfrac{x_2^2}{a^2}+\dfrac{x_3^2}{a^2}=\dfrac{y_1^2}{b^2}+\dfrac{y_2^2}{b^2}=\dfrac{y_3^2}{b^2}=\dfrac{3}{2}$$

即 $x_1^2+x_2^2+x_3^2=\dfrac{3}{2}a^2, y_1^2+y_2^2+y_3^2=\dfrac{3}{2}b^2$

这就是性质2.

变化中的第三个不变:

由于两个封闭图形面积之比是仿射不变量,所以 $\dfrac{S_{\triangle P_1'P_2'P_3'}}{S_{\triangle A_1A_2A_3}}=\dfrac{1}{ab}$,而圆 $x'^2+y'^2=1$ 中 $S_{\triangle P_1'P_2'P_3'}=\dfrac{3\sqrt{3}}{4}$,从而 $S_{\triangle A_1A_2A_3}=\dfrac{3\sqrt{3}}{4}ab$. 这就是性质3.

最后,还要说明的是这三个性质中如果图形是圆,则 $a=b=r$.

至此,可以发现无论是从中心旋转变换的角度对原题目求解,还是从仿射变换的角度对所提出的三个性质简洁地证明,都注重了"变化中寻求不变"这一规律. 于是,对于原题目所提出的三个性质还可以进一步地做如下推广.

推广1 若多边形 $P_1P_2\cdots P_n$ 的 n 个顶点 $P_i(x_i, y_i)(i=1,2,\cdots,n)$ 均在圆 $x^2+y^2=1$ 上,则 $\sum\limits_{i=1}^{n}x_i^2=\sum\limits_{i=1}^{n}y_i^2=\dfrac{n}{2}$.

证明 由于多边形 $P_1P_2\cdots P_n$ 是圆 $x^2+y^2=1$ 的内接正多边形,所以 $x^2+y^2=1$ 上的 n 个点 $P_i(x_i,$

Menelaus 定理

$y_i)(i=1,2,\cdots,n)$ 可看作是:把点 P_i 以原点 O 为旋转中心,以 $\dfrac{2\pi}{n}$ 为旋转角进行旋转变换得到点 $P_{i+1}(i=1, 2,\cdots,n)$. 其中,点 P_{n+1} 与点 P_1 重合.

由旋转变换公式有

$$\begin{cases} x_{i+1}=x_i\cos\dfrac{2\pi}{n}-y_i\sin\dfrac{2\pi}{n} \\ y_{i+1}=x_i\sin\dfrac{2\pi}{n}+y_i\cos\dfrac{2\pi}{n} \end{cases}$$

$$i=1,2,\cdots,n,x_{n+1}=x_1,y_{n+1}=y_1$$

所以得

$$\sum_{i=1}^n x_i^2 = \sum_{i=1}^n \left(x_i\cos\dfrac{2\pi}{n}-y_i\sin\dfrac{2\pi}{n}\right)^2 =$$

$$\cos^2\dfrac{2\pi}{n}\left(\sum_{i=1}^n x_i^2\right)+\sin^2\dfrac{2\pi}{n}\left(\sum_{i=1}^n y_i^2\right)-$$

$$2\sin\dfrac{2\pi}{n}\cos\dfrac{2\pi}{n}\left(\sum_{i=1}^n x_i y_i\right)$$

$$\sin\dfrac{2\pi}{n}\left(\sum_{i=1}^n x_i^2\right)-\sin\dfrac{2\pi}{n}\left(\sum_{i=1}^n y_i^2\right)=-2\cos\dfrac{2\pi}{n}\left(\sum_{i=1}^n x_i y_i\right)$$

②

又因为

$$x_{i+1}y_{i+1}=\left(x_i\cos\dfrac{2\pi}{n}-y_i\sin\dfrac{2\pi}{n}\right)\cdot\left(x_i\sin\dfrac{2\pi}{n}+y_i\cos\dfrac{2\pi}{n}\right)=$$

$$x_i^2\sin\dfrac{2\pi}{n}\cos\dfrac{2\pi}{n}-y_i^2\sin\dfrac{2\pi}{n}\cos\dfrac{2\pi}{n}+$$

$$x_i y_i\left(\cos^2\dfrac{2\pi}{n}-\sin^2\dfrac{2\pi}{n}\right),i=1,2,\cdots,n$$

将以上 n 个式子相加,整理化简得

$$\cos\frac{2\pi}{n}\Big(\sum_{i=1}^{n}x_i^2\Big)-\cos\frac{2\pi}{n}\Big(\sum_{i=1}^{n}y_i^2\Big)=2\sin\frac{2\pi}{n}\Big(\sum_{i=1}^{n}x_iy_i\Big)$$

③

结合式②,③可推出 $\sum_{i=1}^{n}x_i^2=\sum_{i=1}^{n}y_i^2$.

又因为 $\sum_{i=1}^{n}x_i^2+\sum_{i=1}^{n}y_i^2=\sum_{i=1}^{n}(x_i^2+y_i^2)=n$,所以 $\sum_{i=1}^{n}x_i^2=\sum_{i=1}^{n}y_i^2=\frac{n}{2}$.

由椭圆变到圆所作的仿射变换 $x'=\frac{x}{a}$,$y'=\frac{y}{b}$ 实际上是一类特殊的仿射变换,也即伸缩变换,而 n 边形的重心经过伸缩变换后仍为 n 边形的重心,同时结合推广1就不难对三个性质作如下推广:

推广 2 若 $A_i(x_i,y_i)(i=1,2,\cdots,n)$ 是椭圆(或圆):$\frac{x^2}{a^2}+\frac{y^2}{b^2}=1(a>0,b>0)$ 上的 n 个不同点,点 A_i 的离心角为 θ_i,且 n 边形 $A_1A_2\cdots A_n$ 的重心是原点,则

$$\cos(\theta_i-\theta_j)=\cos\frac{2\pi}{n}(i,j\in\{1,2,\cdots,n\},i\neq j)$$

推广 3 若 $A_i(x_i,y_i)(i=1,2,\cdots,n)$ 是椭圆(或圆):$\frac{x^2}{a^2}+\frac{y^2}{b^2}=1(a>0,b>0)$ 上的 n 个不同点,且 n 边形 $A_1A_2\cdots A_n$ 的重心是原点,则 $\sum_{i=1}^{n}x_i^2=\frac{n}{2}a^2$,$\sum_{i=1}^{n}y_i^2=\frac{n}{2}b^2$.

推广 4 若 $A_i(x_i,y_i)(i=1,2,\cdots,n)$ 是椭圆(或

圆）：$\dfrac{x^2}{a^2}+\dfrac{y^2}{b^2}=1(a>0,b>0)$ 上的 n 个不同点，且多边形 $A_1A_2\cdots A_n$ 的重心是原点，则 n 边形 $A_1A_2\cdots A_n$ 的面积为 $\dfrac{1}{2}nab\sin\dfrac{2\pi}{n}$.

最后，仍需说明的是后三个推广中如果图形是圆，则 $a=b=r$.

此类问题也可用力系平衡模拟.

几个力（力系）同时作用于一个物体，而物体运动状态又不发生任何改变的情况称为力系平衡. 物体受平面力作用时，平衡的一般条件为：合力、合力矩都等于零.

例 1　利用力系平衡对三角式 $\sum\limits_{k=0}^{n}\cos\dfrac{k\pi}{n}$ 进行物理模拟能发现什么结果？

解读　设想有 $2n$ 个成广义中心对称的共点力 $F_0,F_1,\cdots,F_{2n-1}$，其力值都是 1 个单位，每相邻两力夹角为 $\dfrac{2\pi}{2n}$，即 $\dfrac{\pi}{n}$，显然这 $2n$ 个力组成的力系是平衡的.

若将 F_0 放在 x 轴正方向上，则 F_n 在 x 轴的负方向上. 由于这些力是均匀分布的，因此 $F_0,F_1,\cdots,F_n$ 的合力在 y 轴正方向上，而 $F_n,F_{n+1},\cdots,F_{2n-1},F_0$ 的合力在 y 轴负方向上. 由 $F_0,F_1,\cdots,F_n$ 的合力在 x 轴上的分力为 0，即

$$1+1\cdot\cos\dfrac{\pi}{n}+1\cdot\cos\dfrac{2\pi}{n}+\cdots+$$
$$1\cdot\cos\dfrac{(n-1)\pi}{n}+1\cdot\cos\dfrac{n\pi}{n}=0$$

于是发现
$$\sum_{k=0}^{n}\cos\frac{k\pi}{n}=0 \text{ (图 11)}$$

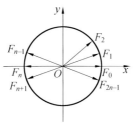

图 11

利用线性变换思想也可证明三角公式
$$\sum_{i=0}^{|n|-1}\cos\left(i\cdot\frac{2\pi}{n}\right)=0$$
$$\sum_{i=0}^{|n|-1}\sin\left(i\cdot\frac{2\pi}{n}\right)=0, n\in\mathbf{Z}, n\neq 0, \pm 1$$

定理 1 设 $n\in\mathbf{Z}, n\neq 0, \pm 1$，则有
$$\sum_{i=0}^{|n|-1}\cos\left(i\cdot\frac{2\pi}{n}\right)=0$$
$$\sum_{i=0}^{|n|-1}\sin\left(i\cdot\frac{2\pi}{n}\right)=0$$

证明 任取非零向量 $v_0\in\mathbf{R}^2$，将 v_0 绕坐标原点按逆时针方向旋转 $\dfrac{2\pi}{n}$ 角得 v_1，继续将 v_1 绕坐标原点按逆时针方向旋转 $\dfrac{2\pi}{n}$ 角得 v_2，以此类推，得 n 个向量 v_0，$v_1,\cdots,v_{n-1}$，它们彼此互不相同，且
$$v_0+v_1+\cdots+v_{n-1}=\mathbf{0} \qquad ①$$

事实上,设 E 表示 $\mathbf{R}^2$ 的恒等变换,A 表示绕坐标

Menelaus 定理

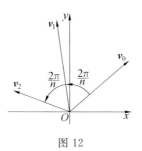

图 12

原点按逆时针方向旋转 $\dfrac{2\pi}{n}$ 角的线性变换,则

$$v_0 = Ev_0, v_1 = Av_0, \cdots$$

$$v_{n-1} = A^{n-1}v_0, A^n = E$$

$$v_0 + v_1 + \cdots + v_{n-1} = (E + A + \cdots + A^{n-1})v_0$$

因为

$$(E - A)(E + A + \cdots + A^{n-1}) = E - A^n = E - E = 0$$

所以

$$(E - A)(v_0 + v_1 + \cdots + v_{n-1}) = \mathbf{0}$$

从而必有式 ① 成立.

又因为

$$v_0 = \begin{pmatrix} 1 & 0 \\ 0 & 1 \end{pmatrix} v_0 = \begin{pmatrix} \cos\left(0 \cdot \dfrac{2\pi}{n}\right) & -\sin\left(0 \cdot \dfrac{2\pi}{n}\right) \\ \sin\left(0 \cdot \dfrac{2\pi}{n}\right) & \cos\left(0 \cdot \dfrac{2\pi}{n}\right) \end{pmatrix} v_0$$

$$v_1 = \begin{pmatrix} \cos\left(1 \cdot \dfrac{2\pi}{n}\right) & -\sin\left(1 \cdot \dfrac{2\pi}{n}\right) \\ \sin\left(1 \cdot \dfrac{2\pi}{n}\right) & \cos\left(1 \cdot \dfrac{2\pi}{n}\right) \end{pmatrix} v_0$$

$$\vdots$$

$$\boldsymbol{v}_{n-1} = \begin{pmatrix} \cos\left((n-1)\cdot\dfrac{2\pi}{n}\right) & -\sin\left((n-1)\cdot\dfrac{2\pi}{n}\right) \\ \sin\left((n-1)\cdot\dfrac{2\pi}{n}\right) & \cos\left((n-1)\cdot\dfrac{2\pi}{n}\right) \end{pmatrix} \boldsymbol{v}_0$$

由式 ① 得

$$\begin{pmatrix} \sum\limits_{i=0}^{n-1}\cos\left(i\cdot\dfrac{2\pi}{n}\right) & -\sum\limits_{i=0}^{n-1}\sin\left(i\cdot\dfrac{2\pi}{n}\right) \\ \sum\limits_{i=0}^{n-1}\sin\left(i\cdot\dfrac{2\pi}{n}\right) & \sum\limits_{i=0}^{n-1}\cos\left(i\cdot\dfrac{2\pi}{n}\right) \end{pmatrix} \boldsymbol{v}_0 = \boldsymbol{0}$$

再由 $\boldsymbol{v}_0$ 的任意性知上式中的矩阵的各元素皆为零,即得定理成立.

我们已经证明了公式对于正整数 n 是成立的,易知,公式对于负整数 n 也成立($n \neq 0, \pm 1$).

进一步我们可以考虑下列问题.

例 2 设正整数 n 不是 2 的整数次幂,求证:存在 $1, 2, \cdots, n$ 的一个排列 $a_1, a_2, \cdots, a_n$ 使

$$\sum_{k=1}^{n} a_k \cos \frac{2k\pi}{n} = 0 \quad (n \geqslant 2)$$

证明 首先,当 n 为大于 1 的奇数时,结论成立,事实上,构造排列:$1, 2, \cdots, \dfrac{n-1}{2}; \dfrac{n+3}{2}, \cdots, n-1, n, \dfrac{n+1}{2}$ 满足 $a_k + a_{n-k} = n+1 (k=1, 2, \cdots, n-1)$.

记
$$S = \sum_{k=1}^{n} a_k \mathrm{e}^{\frac{2k\pi}{n}\mathrm{i}} \qquad ①$$

则 $S = \sum\limits_{k=1}^{n-1} a_{n-k} \exp\left(\dfrac{2(n-k)\pi}{n}\mathrm{i}\right) + a_n \exp\left(\dfrac{2n\pi}{n}\mathrm{i}\right) =$

Menelaus 定理

$$\sum_{k=1}^{n-1} a_{n-k} \exp\left(\frac{-2k\pi}{n}\mathrm{i}\right) + a_n$$

所以

$$2\mathrm{Re}\, S = \mathrm{Re} \sum_{k=1}^{n-1} a_k \exp\left(\frac{2k\pi}{n}\mathrm{i}\right) + \mathrm{Re} \sum_{k=1}^{n-1} a_{n-k} \exp\left(-\frac{2k\pi}{n}\mathrm{i}\right) + 2a_n =$$

$$\mathrm{Re} \sum_{k=1}^{n-1} (a_k + a_{n-k}) \exp\left(\frac{2k\pi}{n}\mathrm{i}\right) + (n+1) =$$

$$(n+1) \sum_{k=1}^{n} \mathrm{Re} \exp\left(\frac{2k\pi}{n}\mathrm{i}\right) = 0$$

所以 $\mathrm{Re}\, S = 0$，得证.

以下证明. 当 $m \in \mathbf{N}$ 成立时，结论对 $n = 2m$ 亦成立.

假设存在 $1, 2, \cdots, m$ 的排列 $b_1, b_2, \cdots, b_m$ 使

$$\mathrm{Re}\left(\sum_{k=1}^{m} b_k \mathrm{e}^{\frac{2k\pi}{m}\mathrm{i}}\right) = 0$$

又

$$\mathrm{Re} \sum_{k=1}^{m} (2k-1) \exp\left(\frac{(2k-1)\pi}{m}\mathrm{i}\right) =$$

$$\mathrm{Re} \sum_{k=1}^{m} (2m-2k+1) \exp\left(\frac{(2m-2k+1)\pi}{m}\mathrm{i}\right) =$$

(令 $t = m - k + 1$)

$$\mathrm{Re} \sum_{k=1}^{m} \exp\left(\frac{(2k-1)\pi}{m}\mathrm{i}\right) =$$

$$\frac{1}{2} \mathrm{Re} \sum_{k=1}^{m} [(2k-1) + (2m-2k+1)] \exp\left(\frac{(2k-1)\pi}{m}\mathrm{i}\right) =$$

$$m\mathrm{Re} \sum_{k=1}^{m} \exp\left(\frac{(2k-1)\pi}{m}\mathrm{i}\right) = 0$$

即

$$\operatorname{Re}\sum_{k=1}^{m}(2k-1)\exp\left(\frac{(2k-1)\pi}{m}\mathrm{i}\right)=0$$

构造 $1,2,\cdots,2m$ 的排列为

$$1,2b_1,3,2b_2,\cdots,2m-1,2b_m$$

则

$$\operatorname{Re}\sum_{k=1}^{n}a_k\exp\left(\frac{2k\pi}{n}\mathrm{i}\right)=2\operatorname{Re}\sum_{k=1}^{m}b_k\exp\left(\frac{2k\pi}{m}\mathrm{i}\right)+$$
$$\operatorname{Re}\sum_{k=1}^{m}(2k-1)\exp\left(\frac{2k-1}{m}\pi\mathrm{i}\right)=0$$

即 $n=2m$ 时结论成立. 证毕.

此结果可推出如下结论.

例 3 是否存在一个凸 2 006 边形,同时具有下面的性质:

(1) 所有的内角均相等;

(2) 2 006 条边的长度是 $1,2,\cdots,2\,006$ 的一个排列.

解 设在复平面上有一折线 $A_1A_2\cdots A_{2\,006}A_{2\,007}$ 构成的折线的各条线段长为 $A_kA_{k+1}=a_k(k=1,2,\cdots,2\,006)$,且点 A_1 对应坐标原点,A_2 在实轴上,从向量 $\overrightarrow{A_kA_{k+1}}$ 逆时针旋转角 $\theta=\dfrac{\pi}{1\,003}$ 后与 $\overrightarrow{A_{k+1}A_{k+2}}$ 同向($k=1,2,\cdots,2\,006$),令 $z=\mathrm{e}^{\mathrm{i}\theta}$,则 $A_{2\,007}$ 对应的复数 w 由下式确定

$$w=a_1+a_2z+\cdots+a_{2\,006}z^{2\,005} \qquad ①$$

当且仅当 $w=0$ 时,点 $A_{2\,007}$ 与 A_1 重合,因而得到凸 2 007 边形,它的每个内角都等于 $\pi-\theta$. 于是原问题等价于存在 $1,2,\cdots,2\,006$ 的一个排列 $a_1,a_2,\cdots,a_{2\,006}$ 使

Menelaus 定理

得式 ① 等于 0. 因为 2 006 是偶数,故 $a_k \mathrm{e}^{ik\theta}$ 与 $a_{k+1\,003}\mathrm{e}^{\mathrm{i}(k+1\,003)\theta}$(约定 $a_{j+2\,006}=a_j, j=1,2,3,\cdots$ 恰好是对应向量方向相反的两个复数,故考虑偶数

$$a_{2k}\mathrm{e}^{2k\theta\mathrm{i}} + a_{2k+1\,003}\mathrm{e}^{(2k+1\,003)\mathrm{i}} = (a_{2k}-a_{2k+1\,003})\mathrm{e}^{2k\theta\mathrm{i}}$$
$$k=1,2,\cdots,1\,003$$

令 $b_k = a_{2k} - a_{2k+1\,003}$,则式 ① 可化为

$$\sum_{k=1}^{1\,003} b_k \mathrm{e}^{2k\theta\mathrm{i}} = 0 \qquad\qquad ②$$

取 $\{(a_{2k}, a_{2k+1\,003}) \mid k=1,2,\cdots,1\,003\} = \{(k,k+1\,003) \mid k=1,2,\cdots,1\,003\}$, $b_k = -1\,003, k=1,2,\cdots,1\,003.$ 从而有

$$\sum_{k=1}^{1\,003} b_k \mathrm{e}^{2k\theta\mathrm{i}} = -1\,003\sum_{k=1}^{1\,003}\mathrm{e}^{2k\theta\mathrm{i}} = 0$$

即式 ② 成立. 这样就证明了满足条件①,② 的凸 2 006 边形存在.

利用复数解决的多边形问题种类还有

例 4 在直角坐标平面上的 1 994 边形的第 k 条边长 $a_k = \sqrt{4+k^2}, k=1,2,\cdots,1\,994$. 求证:该多边形的顶点不可能全部为整点.

证明 用反证法. 若不然,设该多边形顶点全为整点,且令第 k 个顶点坐标为 (x_k, y_k),其中 $x_k, y_k \in \mathbf{Z}$,令

$$z_k = x_k + \mathrm{i}y_k$$
$$d_k = z_{k+1} - z_k = (x_{k+1}-x_k) + \mathrm{i}(y_{k+1}-y_k) = \alpha_k + \mathrm{i}\beta_k$$
$$k=1,2,\cdots,1\,994$$

且

$$x_{1\,995} = x_1, y_{1\,995} = y_1$$

则

$$|d_k|^2 = a_k^2 = 4 + k^2$$

所以

$$\sum_{k=1}^{1\,994} |d_k|^2 = \sum_{k=1}^{1\,994}(4 + k^2)$$

且

$$\sum_{k=1}^{1\,994}(\alpha_k^2 + \beta_k^2) = 4 \times 1\,994 + \frac{1\,994 \times 1\,995 \times 3\,989}{6} =$$
$$4 \times 1\,994 + 497 \times 665 \times 3\,989$$

显然上式是奇数,又因为 $\sum_{k=1}^{1\,994} d_k = 0$,所以

$$\sum_{k=1}^{1\,994} \alpha_k = \sum_{k=1}^{1\,994} \beta_k = 0$$

故

$$\left[\sum_{k=1}^{1\,994}(\alpha_k + \beta_k)\right]^2 = 0$$

即

$$\sum_{k=1}^{1\,994}(\alpha_k^2 + \beta_k^2) + 2\left(\sum_{i,j} \alpha_i \beta_j + \sum_{i<j} \alpha_i \alpha_j + \sum_{i<j} \beta_i \beta_j\right) = 0$$

因此

$$\sum_i (\alpha_i^2 + \beta_i^2) = -2\left(\sum_{i,j} \alpha_i \beta_j + \sum_{i<j} \alpha_i \alpha_j + \sum_{i<j} \beta_i \beta_j\right)$$

上式左奇右偶,矛盾. 从而假设不真,故命题成立.

如果允许难度进一步加大,则可引申到 IMO 试题.

例 5 证明:存在具有以下性质(1)和(2)的凸

Menelaus 定理

1 990 边形.

(1) 这多边形的各内角相等;

(2) 这多边形各边的长度是 $1^2, 2^2, \cdots, 1989^2, 1990^2$ 的某一排列.

证法 1 我们首先通过分析将问题转化成更易于处理的形式.假设满足上述条件的 1 990 边形存在.沿逆时针方向给这多边形的各边定向,再将各边的起点移到原点,这样得到 1 990 个向量.相邻的两边对应的两向量相邻,它们之间的夹角为 $\alpha = \dfrac{2\pi}{1\,990}$(这是因为凸多边形的每个内角均为 $\pi - \alpha$).以复数表示平面向量,原问题转化为:求证存在具有以下性质 i,ii 和 iii 的 1 990 个复数.

(i) 相邻两复数之间的夹角为 α;

(ii) 各复数的长度是 $1^2, 2^2, \cdots, 1990^2$ 的某一排列;

(iii) 这些复数之和等于 0.

这就是说,我们需要求得 $1^2, 2^2, \cdots, 1990^2$ 的一个排列 $n_0, n_1, \cdots, n_{1989}$,使得

$$\sum_{s=0}^{1989} n_s e^{is\alpha} = 0$$

如果将这些复数的长度 n_s 看成"重量",那么问题又可转述为:给定了一个水平放置的单位圆,设法将 $1^2, 2^2, \cdots, 1990^2$ 这些"重量"按某种次序放到等分圆周的 1 990 个点上,要求这系统的重心落到圆心上.下面,我们就来解决这一问题.

编辑手记

首先,依次将 $1^2, 2^2, \cdots, 1990^2$ 这些"重量"每两个分成一组,这样得到 995 组,即

$$\{1^2, 2^2\}, \{3^2, 4^2\}, \cdots, \{1989^2, 1990^2\}$$

将同一组中的两个"重量"放到单位圆周的某一对径点上. 至于哪一组放到哪一条直径的两端,则由下面的讨论来确定. 这样,各组中两复数之和的长度分别为

$3, 7, 11, \cdots, 3979$(首项为 3,公差为 4 的等差数列)

于是,问题进一步转化为:将 $3, 7, 11, \cdots, 3979$ 这些"重量",放到等分圆周的 995 个点上,要求重心落到圆心上.

其次,我们注意到

$$995 = 5 \times 199$$

由此得到启发,再将 $3, 7, 11, \cdots, 3979$ 这些"重量"每五个分成一组,共分成 199 组,即

$$\{3,7,11,15,19\}, \{23,27,31,35,39\}, \{43,47,51,55,59\}, \cdots,$$
$$\{3963, 3967, 3971, 3975, 3979\} \qquad ①$$

记 $\beta = \dfrac{2\pi}{199}, \gamma = \dfrac{2\pi}{5}$. 我们把顶点在

$$1, e^{i\gamma}, e^{2i\gamma}, e^{3i\gamma}, e^{4i\gamma}$$

的正五边形记为 F_1,并把正五边形 $e^{ik\beta} F_1$ 记为 F_{k+1}. 依次将式①中所列的 199 组"重量"放到 $F_1, F_2, \cdots, F_{199}$ 这些正五边形的顶点上,我们得到分成 199 组的 995 个复数,其中第 $k+1$ 组为

$$(20k+3)e^{ik\beta}, (20k+7)e^{i(k\beta+\gamma)}, (20k+11)e^{i(k\beta+2\gamma)},$$
$$(20k+15)e^{i(k\beta+3\gamma)}, (20k+19)e^{i(k\beta+4\gamma)}.$$

五次单位根 $e^{i\gamma}$ 有这样的性质,即

Menelaus 定理

$$1 + e^{i\gamma} + e^{2i\gamma} + e^{3i\gamma} + e^{4i\gamma} = 0$$

因而第 $k+1$ 组中的五个复数之和可以化简为

$$\eta e^{ik\beta}$$

其中 $\eta = 3 + 7e^{i\gamma} + 11e^{2i\gamma} + 15e^{3i\gamma} + 19e^{4i\gamma}$

于是,所有这 199 组共 995 个复数之总和为

$$\eta(1 + e^{\beta i} + \cdots + e^{198\beta i}) = 0$$

我们证明了:存在满足条件(i),(ii) 和(iii) 的 1 990 个复数. 因而,确实存在满足题目条件(1) 和(2) 的凸 1 990 边形.

最后,我们指出,可以将上面的解答简单地整理成以下几行式子再加上几句说明的话,即

$$0 = \sum_{k=0}^{198} \sum_{l=0}^{4} (20k + 4l + 3) e^{i(k\beta + l\gamma)} =$$

$$\sum_{k=0}^{198} \sum_{l=0}^{4} ((10k + 2l + 2)^2 - (10k + 2l + 1)^2) e^{i(k\beta + l\gamma)} =$$

$$\sum_{k=0}^{198} \sum_{l=0}^{4} \sum_{m=1}^{2} (10k + 2l + m)^2 e^{i(k\beta + l\gamma + m\pi)}$$

当指标 k 遍历 $0, 1, \cdots, 198$,指标 l 遍历 $0, 1, \cdots, 4$,指标 m 遍历 $1, 2$ 的时候,表示式

$$10k + 2l + m$$

遍历从 1 到 1 990 的所有自然数. 与此同时,表示式

$$e^{i(k\beta + l\gamma + m\pi)} = e^{i\frac{10k + 398l + 995m}{1990} 2\pi}$$

遍历 $1, e^{\alpha i}, \cdots, e^{1989\alpha i}$,这 1 990 个复数.

注 最后,我们来说明所作的 1 990 边形确实是凸的.

编辑手记

为此,只需指出这样的事实:无论将这封闭折线的哪一条边延长成直线,折线其余所有的顶点都位于该直线的同一侧.

设所作的封闭折线是 $A_0A_1\cdots A_{1989}A_0$. 在上面的讨论中,我们已将向量 $\overrightarrow{A_sA_{s+1}}$ 表示为复数

$$\overrightarrow{A_sA_{s+1}} = n_s \mathrm{e}^{\mathrm{i}\alpha}$$

其中

$$\alpha = \frac{2\pi}{1\,990}, A_{1\,990} = A_0$$

必要时可以将这图形 $A_0A_1\cdots A_{1989}A_0$ 旋转 α 的适当倍数并相应地改变各顶点的编号,总可以将我们所关心的任何一边重新标号为 $A_0'A_1'$,并且仍可设

$$\overrightarrow{A_s'A_{s+1}'} = n_s' \mathrm{e}^{\mathrm{i}\alpha}$$

以下为简便起见,我们省去新记号中的"′",直截了当地把这封闭折线的任意一边当作 A_0A_1. 并且,还可以认为 $A_0=O$ 是坐标原点, $\overrightarrow{A_0A_1}=\overrightarrow{OA_1}$ 指向实轴的正方向. 我们还约定,允许用同一记号来记平面上的点和该点所代表的复数.

于是,我们可以写

$$A_k = \overrightarrow{OA_k} = \sum_{r=0}^{k-1} \overrightarrow{A_rA_{r+1}} = \sum_{r=0}^{k-1} n_r \mathrm{e}^{\mathrm{i}r\alpha} = -\sum_{s=k}^{1\,989} n_s \mathrm{e}^{\mathrm{i}s\alpha}$$

对于 $0 < r < k \leqslant 995$,显然有

$$\sin r\alpha = \sin \frac{r}{1\,990} 2\pi > 0$$

因而

Menelaus 定理

$$\text{Im}(A_k) = \sum_{r=0}^{k-1} n_r \text{Im}(e^{ir\alpha}) = \sum_{r=0}^{k-1} n_r \sin r\alpha > n_1 \sin \alpha > 0$$

对于 $996 \leqslant k \leqslant s \leqslant 1989$,显然有

$$-\sin s\alpha = -\sin \frac{s}{1990} 2\pi > 0$$

因而

$$\text{Im}(A_k) = -\sum_{s=k}^{1989} n_s \text{Im}(e^{is\alpha}) = -\sum_{s=k}^{1989} n_s \sin s\alpha >$$
$$-n_{1989} \sin 1989\alpha = n_{1989} \sin \alpha > 0$$

我们看到,折线其余所有的顶点都位于 $A_0 A_1$ 所在直线的同一侧,而 $A_0 A_1$ 可以是这封闭折线的任何一条边.因此,所作的 1990 边封闭折线确实构成一个凸多边形.

本题的解法都是归结为求 $1, 2, \cdots, 1990$ 的一个排列: $r_1, r_2, \cdots, r_{1990}$,使得

$$\sum_{j=1}^{1990} r_j^2 e^{i\alpha j} = 0$$

其中, $\alpha = \dfrac{2\pi}{1990}$.注意到 $e^{2\pi i} = 1$,更一般地可归为求 $1, 2, \cdots, 1990$ 的一个排列 $r_1, r_2, \cdots, r_{1990}$,及模 1990 的一个完全剩余系 $u_1, u_2, \cdots, u_{1990}$,使得

$$\sum_{j=1}^{1990} r_j^2 e^{i\alpha u_j} = 0 \qquad ②$$

下面介绍汪建华、周彤和王崧的解法,王崧的解法与众不同.

证法 2 设

$$a_{k,j} = 10k + j, 1 \leqslant j \leqslant 10, 0 \leqslant k \leqslant 198$$

编辑手记

$$b_{h,l} = 10l + 199l, 0 \leqslant l \leqslant 9, 0 \leqslant h \leqslant 198$$

显见,$a_{k,j}$ 恰好取 $1,2,\cdots,1\,990$ 这些值,且每个一次.

由初等数论知,$b_{h,l}$ 恰好是模 $1\,990$ 的一个完全剩余系.

考虑

$$T_k = a_{k,1}^2 \mathrm{e}^{iab_{k,0}} + a_{k,2}^2 \mathrm{e}^{iab_{k,2}} + a_{k,3}^2 \mathrm{e}^{iab_{k,4}} + a_{k,4}^2 \mathrm{e}^{iab_{k,6}} + \\ a_{k,5}^2 \mathrm{e}^{iab_{k,8}} + a_{k,6}^2 \mathrm{e}^{iab_{k,5}} + a_{k,7}^2 \mathrm{e}^{iab_{k,7}} + \\ a_{k,8}^2 \mathrm{e}^{iab_{k,9}} + a_{k,9}^2 \mathrm{e}^{iab_{k,1}} + a_{k,10}^2 \mathrm{e}^{iab_{k,3}}$$

显然

$$T = \sum_{k=0}^{198} T_k$$

就给出了式②左边形式的和式.下面来证明 $T=0$.容易算出

$$T_k = -5\mathrm{e}^{i10ka} \sum_{j=1}^{5} (2j-1) \mathrm{e}^{\frac{i2\pi(j-1)}{5}}$$

右边的和式是与 k 无关的常数.由此即得 $T=0$.

证法 3 设

$$a_{j,k} = 199j + k, 0 \leqslant j \leqslant 9, 1 \leqslant k \leqslant 199$$

显见,$a_{j,k}$ 恰好每个一次地取 $1,2,\cdots,1\,990$ 这些值.再设

$$b_{0,k} = a_{0,k}, b_{1,k} = a_{6,k}, b_{2,k} = a_{2,k}, b_{3,k} = a_{8,k} \\ b_{4,k} = a_{4,k}, b_{5,k} = a_{5,k}, b_{6,k} = a_{1,k}, b_{7,k} = a_{7,k} \\ b_{8,k} = a_{3,k}, b_{9,k} = a_{9,k}$$

并约定

$$b_{j,k} = b_{l,k}, l \equiv j \pmod{10}$$

对每一个 k 取定一个整数 m_k,考虑和式

$$S_k = \sum_{j=0}^{9} b_{j+m_k,k}^2 \mathrm{e}^{iaa_{j,k}}$$

Menelaus 定理

显然
$$S = \sum_{k=1}^{199} S_k$$
就给出了形如式 ② 左边的和式. 容易算出
$$S_k = (5 \cdot 199^2 \sum_{j=1}^{4} 2_j e^{ia199j}) e^{ia(199m_k+k)}$$
(…)内是和 k 无关的常数. 下面来确定 m_k 的取值. 由于当 $0 \leqslant m \leqslant 9, 1 \leqslant k \leqslant 199$ 时,$199m+k$ 恰好每个一次地取 $1,2,\cdots,1\,990$ 这些值. 因此,一定可以取到 $0 \leqslant m_k \leqslant 9$,使得 $c_k = 199m_k + k$,当 $k = 1,2,3,\cdots,199$ 时,恰好取 $10,20,30,\cdots,1\,990$ 这 199 个数(次序可以不同),由此即得 $S = 0$.

注 请读者比较汪建华、周彤的解法的异同.

证法 4 考虑多项式
$$G(x) = x^{4\times 199} + x^{3\times 199} + x^{2\times 199} + x^{199} + 1$$
$$H(x) = x^{5\times 198} + x^{5\times 197} + \cdots + x^{5\times 2} + x^5 + 1$$
以及
$$M_1(x) = G(x)(199x^{198} + 198x^{197} + \cdots + 2x + 1)$$
$$M_2(x) = H(x)(4\times 199x^3 + 3\times 199x^2 + 2\times 199x + 199)$$
$$M(x) = M_1(x) + M_2(x)$$

容易看出:$M(x)$ 是 994 次多项式,系数必在 $1,2,\cdots,995$ 这些值之中. 我们来证明 $M(x)$ 的系数两两不同,因此恰好 $1,2,\cdots,995$ 各出现一次.

(1) $M_1(x)$ 中出现 x^j 项,$j = 199l + k, 0 \leqslant l \leqslant 4$,$0 \leqslant k \leqslant 198$,且它的系数 $a_j = k + 1$. 所以在 $M_1(x)$ 中 $x^j (0 \leqslant j \leqslant 994)$ 都出现,且系数 a_j 满足 $1 \leqslant a_j \leqslant 199$.

(2) $M_2(x)$ 中出现 x^j 项, $j=5k+l, 0 \leqslant l \leqslant 3, 0 \leqslant k \leqslant 198$, 且它的系数 $b_j = 199(l+1)$.

(3) $M(x)$ 中没有两项的系数相同. 用反证法. 假若 x^{j_1} 和 x^{j_2} 的系数 c_{j_1} 和 c_{j_2} 相等, $j_1 \neq j_2$. 我们有
$$c_{j_1} = a_{j_1} + b_{j_1}, \quad c_{j_2} = a_{j_2} + b_{j_2}$$
因此
$$a_{j_2} - a_{j_1} = b_{j_1} - b_{j_2}$$
由 ① 知, 必有
$$0 \leqslant |a_{j_2} - a_{j_1}| \leqslant 198$$
若 $a_{j_2} - a_{j_1} = 0$, 则由 ① 推出
$$199 \mid (j_2 - j_1)$$
另一方面, 这时必有 $b_{j_2} = b_{j_1}$, 由 ② 知, $5 \mid (j_2 - j_1)$. 因此推出 $995 \mid (j_2 - j_1)$. 但已知 $0 \leqslant j_1, j_2 \leqslant 994$, 矛盾.

进而考虑多项式
$$N(x) = 4M(x) - (x^{994} + x^{993} + \cdots + x + 1)$$
$N(x)$ 是 994 次多项式, x^j 的系数是 $4c_j - 1, 0 \leqslant j \leqslant 994, c_j$ 恰好每个一次地取值 $1, 2, \cdots, 995$. 因此
$$N(x) = \sum_{j=0}^{994}(4c_j-1)x^j = \sum_{j=0}^{994}(2c_j)^2 x^j - \sum_{j=0}^{994}(2c_j-1)^2 x^j$$
③

取 $x = e^{2ia}$, 得
$$N(e^{2ia}) = \sum_{j=0}^{994}(2c_j)^2 e^{ia(2j)} - \sum_{j=0}^{994}(2c_j-1)^2 e^{ia(2j+995)}$$
④

显见, 右边就是形如 ② 的和式. 但另一方面, 由 $N(x)$ 的定义容易推出 $N(e^{2ia}) = 0$.

如果要从高等数学的背景来看. 我们发现在一本

Menelaus 定理

经典名著 CHARLES JORDAN 的《有限差分计算》中有一段论述与我们的问题有关. 有兴趣的读者可以了解一下:

现在, 我们将检验几个在函数的三角展开式和差分方程的分解式中起着重要作用的三角函数的特殊的例子.

1. 第一种形式. 展开式中的三角函数

$$\sin \frac{2\pi k}{p}x , \cos \frac{2\pi k}{p}$$

如果 k 和 p 是整数, 且如果 k 不能被 p 整除, 那么有以下结果

$$\sum_{x=0}^{p} \cos \frac{2\pi k}{p}x = 0, \sum_{x=0}^{p} \sin \frac{2\pi k}{p}x = 0$$

通过这几个方程, 我们能推出其他的结果. 我们有

$$\sum_{x=0}^{p} \cos \frac{2\pi \nu}{p}x \cos \frac{2\pi \mu}{p}x =$$

$$\frac{1}{2}\sum_{x=0}^{p} \cos \frac{2\pi(\nu+\mu)}{p}x + \frac{1}{2}\sum_{x=0}^{p} \cos \frac{2\pi(\nu-\mu)}{p}x \qquad ①$$

因此, 如果 ν 和 μ 是互异的且如果 $\nu+\mu$ 和 $\nu-\mu$ 不能被 p 整除, 那么, 第一项的和将等于零.

如果 ν 等于 μ 且不等于 $\frac{1}{2}p$, 将有

$$\sum_{x=0}^{p} \left[\cos \frac{2\pi \nu}{p}x \right]^2 = \frac{1}{2}p$$

如果 $2\nu = 2\mu = p$, 显然此和等于 p.

用相同的方式, 我们可以得到: 如果 ν 等于 μ 且不等于 $\frac{1}{2}p$, 则

$$\sum_{x=0}^{p}\left[\sin\frac{2\pi\nu}{p}x\right]^2=\frac{1}{2}p \qquad ②$$

如果 $2\nu=2\mu=p$，那么此和等于零.

此外，如果 ν 和 μ 互异，且 $\nu+\mu$ 和 $\nu-\mu$ 不能被 p 整除，那么

$$\sum_{x=0}^{p}\sin\frac{2\pi\nu}{p}x\sin\frac{2\pi\mu}{p}x=0 \qquad ③$$

如果 ν 和 μ 是整数，则有

$$\sum_{x=0}^{p}\sin\frac{2\pi\nu}{p}x\cos\frac{2\pi\mu}{p}x=0 \qquad ④$$

可除性. 如果 k 能被 p 整除，即如果 $k=\lambda p$（λ 是一个整数），那么

$$\sum_{x=0}^{p}\cos\frac{2\pi k}{p}x=p$$

$$\sum_{x=0}^{p}\left[\cos\frac{2\pi k}{p}x\right]^2=p$$

$$\sum_{x=0}^{p}\left[\sin\frac{2\pi k}{p}x\right]^2=0$$

根据以上的公式将会变换出另一个公式. 例如，如果 $\nu+\mu=\lambda p$ 且 $\nu=\mu$，那么我们有

$$\sum_{x=0}^{p}\cos\frac{2\pi\nu}{p}x\cos\frac{2\pi\mu}{p}x=\frac{1}{2}p$$

$$\sum_{x=0}^{p}\sin\frac{2\pi\nu}{p}x\sin\frac{2\pi\mu}{p}x=-\frac{1}{2}p$$

$$\vdots$$

如果 $2k=p$，那么

$$\sum_{x=0}^{p}\cos\frac{2\pi k}{p}x=0,\ \sum_{x=0}^{p}\left|\cos\frac{2\pi k}{p}x\right|^2=p$$

Menelaus 定理

对应的正弦值都是零. 以上公式将在后面应用.

2. 第二种形式. 差分方程中的三角形达成

$$\cos\frac{\pi k}{p}x,\ \sin\frac{\pi k}{p}x$$

其中 k 和 p 是整数, 如果 k 不能被 p 整除, 或如果 $k = (2\lambda+1)p$, λ 是整数, 那么

$$\sum_{x=0}^{p}\cos\frac{\pi k}{p}x = \frac{1}{2}[1-(-1)^k]$$

另一方面, 如果 $k = 2\lambda p$, 那么

$$\sum_{x=0}^{p}\cos\frac{\pi k}{p}x = p$$

如果 ν 和 μ 是互异的整数, 此外, 如果 $\nu-\mu$ 和 $\nu+\mu$ 不能被 p 整除, 于是有

$$S = \sum_{x=0}^{p}\sin\frac{\pi\nu}{p}x\sin\frac{\pi\mu}{p}x =$$

$$-\frac{1}{2}\sum_{x=0}^{p}\cos\frac{(\nu-\mu)\pi}{p}x -$$

$$\frac{1}{2}\sum_{x=0}^{p}\cos\frac{(\nu+\mu)\pi}{p}x = 0 \qquad ⑤$$

和

$$C = \sum_{x=0}^{p}\cos\frac{\pi\nu}{p}x\cos\frac{\pi\mu}{p}x =$$

$$-\frac{1}{2}\sum_{x=0}^{p}\cos\frac{(\nu-\mu)\pi}{p}x + \frac{1}{2}\sum_{x=0}^{p}\cos\frac{(\nu+\mu)\pi}{p}x = 0$$

⑥

另一方面, 如果 $\nu = \mu$ 且 ν 不等于 p 和 $\frac{1}{2}p$, 那么

$$S = \frac{1}{2}p \text{ 且 } C = \frac{1}{2}p.$$

如果 $\nu = \mu = p$,那么 $S = 0$ 且 $C = p$.

如果 $\nu = \mu = \frac{1}{2}p$,那么 $S = p$ 且 $C = 0$.

ν,μ 和 p 是整数,以下表达式常等于零

$$\sum_{x=0}^{p} \sin \frac{\nu\pi}{p} \cos \frac{\mu\pi}{p} x = 0$$

3.第三种形式.差分方程的分解式中的三角函数

$$\cos \frac{\nu\pi}{p}(2x+1), \sin \frac{\nu\pi}{p}(2x+1)$$

(1)第一个表达式的不定和为

$$\Delta^{-1} \cos \frac{\pi\nu}{p}(2x+1) = \frac{\sin \frac{2\pi\nu x}{p}}{2\sin \frac{\pi\nu}{p}} + k$$

因此,如果 ν 不能被 p 整除,则有

$$\sum_{x=0}^{p} \cos \frac{\pi\nu}{p}(2x+1) = 0$$

且如果 ν 能被 p 整除,因此 $\nu = \lambda p$,那么

$$\sum_{x=0}^{p} \cos \frac{\pi\nu}{p}(2x+1) = (-1)^{\lambda} p \qquad ⑦$$

(2)我们有

$$\Delta^{-1} \sin \frac{\pi\nu}{p}(2x+1) = -\frac{\cos \frac{2\pi\nu x}{p}}{2\sin \frac{\pi\nu}{p}} + k$$

因此,无论 ν 是否能被 p 整除都有

$$\sum_{x=0}^{p} \sin \frac{\pi\nu}{p}(2x+1) = 0 \qquad ⑧$$

(3)如果 ν 不等于 μ,此外,如果 $\nu + \mu$ 和 $\nu - \mu$ 不

Menelaus 定理

能被 $2p$ 整除,则有

$$S = \sum_{x=0}^{p} \sin\frac{\pi\nu}{p}(2x+1)\sin\frac{\pi\mu}{p}(2x+1) = 0$$

和

$$C = \sum_{x=0}^{p} \cos\frac{\pi\nu}{p}(2x+1)\cos\frac{\pi\mu}{p}(2x+1) = 0 \qquad ⑨$$

如果 $\nu \neq \mu$ 且如果 2ν 不能被 p 整除,那么 $S = \frac{1}{2}p, C = \frac{1}{2}p$,如果 $\nu = \mu$ 且如果 2ν 能被 p 整除,那么 $S = p, C = 0$.

(4) 在公式 ⑧ 的结果中,我们有

$$\sum_{x=0}^{p} \sin\frac{\pi\nu}{p}(2x+1)\cos\frac{\pi\mu}{p}(2x+1) = 0$$

无论 2ν 能否被 p 整除,此结果都成立.

一个多项式和一个三角函数的乘积之和可以利用重复分部求和法所得到.

例 $x\sin x$ 关于 $x = 0, h, 2h, \cdots, (n-1)h$ 的和已知,不定和为

$$\Delta^{-1} x\sin x = \frac{2x\sin\frac{1}{2}h\sin\left(x - \frac{1}{2}h - \frac{1}{2}\pi\right) + h\sin x}{(2\sin\frac{1}{2}h)^2} + k$$

因此

$$\sum_{x=0}^{nh} x\sin x = \frac{2nh\sin\frac{1}{2}h\sin\left(nh - \frac{1}{2}h - \frac{1}{2}\pi\right) + h\sin(nh)}{(2\sin\frac{1}{2}h)^2}$$

非连续变量的三角函数的应用:

编辑手记

假设数 $y(x)$ 对于 $x = a + \xi h$ 是已知的,且 $\xi = 0, 1, 2, \cdots, N-1$.

函数 $f(x)$ 关于上面给出的值 $f(x) = y(x)$ 是已知的,这将通过以下几种方法解决:

从方程

$$f(x) = \frac{1}{2}a_0 + \sum_{m=1}^{n+1} \left[\beta_m \sin\frac{2\pi m(x-a)}{Nh} + \alpha_m \cos\frac{2\pi m(x-a)}{Nh} \right] \quad ①$$

开始,其中 n 是 $\dfrac{N}{2}$ 中的最大整数,系数 α_m 和 β_m 是已知的,以致有

$$f(a+\xi h) = y(a+\xi h), \xi = 0, 1, 2, \cdots, N-1$$

如果 N 是奇数,即 $N = 2n+1$,那么有 N 个关于 N 是未知的第一阶方程;如果 N 是偶数,即 $N = 2n$,那么未知方程的个数等于 $2n$,此后,项 $\beta_{2n}\sin 2\pi\xi$ 关于 ξ 的每个值都等于 0. 分解式由于所建立的三角函数的说明被最大限度地简化.

注意到 $2m+1 \leqslant N, 2\mu+1 \leqslant N$,将求得公式,将 ξ 缩写为 $\xi = \dfrac{x-a}{h}$. 如果 m 是与 μ 互异的整数,则

$$\sum_{\xi=0}^{N} \sin\frac{2\pi\mu\xi}{N}\cos\frac{2\pi m\xi}{N} = 0$$

此外

$$\sum_{\xi=0}^{N} \cos^2\frac{2\pi m\xi}{N} = \sum_{\xi=0}^{N} \sin^2\frac{2\pi m\xi}{N} = \frac{N}{2} \quad ②$$

为了确定系数 α_m,让我们将式①右边的两项与 $\cos\dfrac{2\pi m(x-a)}{Nh}$ 相乘,并且从 $x = a$ 到 $x = a + Nh$ 对

165

Menelaus 定理

其求和. 那么, 从上面公式的结果中, 我们求出

$$\sum_{x=a}^{a+Nh} y(x)\cos\frac{2\pi m(x-a)}{Nh}$$

$$=\alpha_m \sum_{x=a}^{a+Nh}\cos^2\frac{2\pi m(x-a)}{Nh}=\frac{N}{2}\alpha_m$$

因为其他项变为零. 最终, 我们有

$$\alpha_m = \frac{2}{N}\sum_{x=a}^{a+Nh} y(x)\cos\frac{2\pi m(x-a)}{Nh} \qquad ③$$

同样的方法得出

$$\beta_m = \frac{2}{N}\sum_{x=a}^{a+Nh} y(x)\sin\frac{2\pi m(x-a)}{Nh} \qquad ④$$

将式 ③ 和式 ④ 代入方程 ①,则问题解决.

应用 $y(x)$ 关于 $x=a+\xi h$ 是已知的, 且 $\xi=0$, $1,2,\cdots,N-1$, 函数

$$f(x)=\frac{\alpha_0}{2}+\sum_{m=0}^{n+1}\left|\beta_m\sin\frac{2\pi m(x-a)}{Nh}+\alpha_m\cos\frac{2\pi m(x-a)}{Nh}\right|$$

⑤

是预期的, 因此它是给定值的最好应用, 根据最小二乘法原理, 即使

$$\varphi = \sum_{x=a}^{a+Nh}[f(x)-y(x)]^2 \qquad ⑥$$

有最小值. 因此, 系数 α_m 和 β_m 由以下的方程所确定

$$\frac{\partial\varphi}{\partial\alpha_m}=0, \frac{\partial\varphi}{\partial\beta_m}=0$$

此方程给出 $2n+1$ 个方程来确定系数.

将由式 ⑤ 所给出的 $f(x)$ 的值代入式 ⑥, 我们得到 α_m 和 β_m 同前相同的表达式 ③, ④.

编辑手记

此外,通过式 ⑥,借助于方程 ③ 和方程 ④ 的正交性结果中,我们推出

$$\varphi = \sum_{x=a}^{a+nh}[f(x)]^2 - \frac{N}{4}a_0^2 - \frac{N}{2}\sum_{m=1}^{n+1}(\alpha_m^2 + \beta_m^2) \quad ⑦$$

公式 ⑤ 可以被用来检验数 $y(x)$ 的一些隐藏周期性.

在本书即将付印之际,笔者恰好翻到《中学数学杂志》2015 年第 9 期发表的河南郑州外国语学校杨春波老师写的梅涅劳斯(Menelaus)定理的十种证明,附于后算做对本书的一点补充.

梅涅劳斯定理是平面几何学以及射影几何学中的一项基本定理,具有重要作用,其具体内容为:设直线 l 分别与 $\triangle ABC$ 的三边(或边的延长线)相交于点 D, E, F,则有 $\dfrac{AF}{FB} \cdot \dfrac{BD}{DC} \cdot \dfrac{CE}{EA} = 1.$

直线 l 与三角形的三边相交,有两种情形:(1) 其中两个交点在边上,一个交点在边的延长线上,如图 13;(2) 三个交点均在边的延长线上,如图 14.

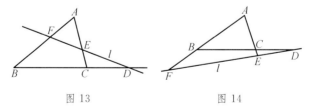

图 13　　　　　　图 14

梅涅劳斯定理在处理直线形中线段长度比例的计算时,尤为快捷.值得一提的是,其逆定理也成立,可作

Menelaus 定理

为三点共线、三线共点等问题的判定方法. 下面给出梅涅劳斯定理的十种精彩证明, 证明中仅以图 13 作为示例.

证法 1 平行线法.

如图 15, 过点 C 作 $CG \parallel DF$ 交 AB 于点 G, 则
$$\frac{BD}{DC}=\frac{BF}{FG}, \frac{CE}{EA}=\frac{GF}{FA}$$

故
$$\frac{AF}{FB} \cdot \frac{BD}{DC} \cdot \frac{CE}{EA}=\frac{AF}{FB} \cdot \frac{BF}{FG} \cdot \frac{GF}{FA}=1$$

证法 2 共边定理法.

如图 16, 由共边定理知
$$\frac{AF}{FB} \cdot \frac{BD}{DC} \cdot \frac{CE}{EA}=\frac{S_{\triangle AED}}{S_{\triangle BED}} \cdot \frac{S_{\triangle BED}}{S_{\triangle CED}} \cdot \frac{S_{\triangle CED}}{S_{\triangle AED}}=1$$

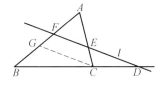

图 15　　　　　图 16

证法 3 共角定理法.

如图 13, 由共角定理知
$$\frac{S_{\triangle AEF}}{S_{\triangle BFD}}=\frac{AF \cdot EF}{FB \cdot DF}$$

$$\frac{S_{\triangle BFD}}{S_{\triangle CDE}}=\frac{BD \cdot DF}{DC \cdot DE}$$

$$\frac{S_{\triangle CDE}}{S_{\triangle AEF}}=\frac{DE \cdot CE}{EA \cdot EF}$$

三式相乘得

$$1 = \frac{AF \cdot EF}{FB \cdot DF} \cdot \frac{BD \cdot DF}{DC \cdot DE} \cdot \frac{DE \cdot CE}{EA \cdot EF} = \frac{AF}{FB} \cdot \frac{BD}{DC} \cdot \frac{CE}{EA}$$

得证.

注 共边定理和共角定理源自于张景中院士的面积法,下面是定理的具体内容.

共边定理 若直线 AB 和 PQ 相交于点 M(如图 17,有 4 种情形),则有 $\dfrac{S_{\triangle PAB}}{S_{\triangle QAB}} = \dfrac{PM}{QM}$.

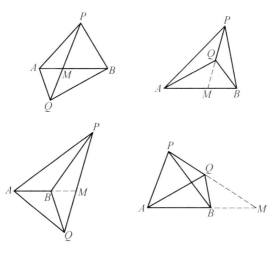

图 17

共角定理 如图 18,若 $\angle ABC$ 和 $\angle XYZ$ 相等或互补,则有 $\dfrac{S_{\triangle ABC}}{S_{\triangle XYZ}} = \dfrac{AB \cdot BC}{XY \cdot YZ}$.

证法 4 辅助平面法.

如图 19,过截线 l 作平面 α,设顶点 A,B,C 到该平面的距离分别为 d_A, d_B, d_C,则有

Menelaus 定理

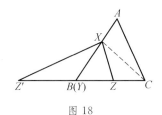

图 18

$$\frac{AF}{FB}=\frac{d_A}{d_C}, \frac{BD}{DC}=\frac{d_B}{d_C}, \frac{CE}{EA}=\frac{d_C}{d_A}$$

三式相乘即得证.

该证明曾在网上被大量转载,被称为令人感动的证明,也有文章称"上面这种方法恐怕是最帅的一种了. 它解决了其他证明方法缺乏对称性的问题,完美展示了几何命题中的对称之美". 其实,何必要在空间中作一个辅助平面呢,且看单墫先生在《平面几何中的小花》一书中给出的精彩证明.

证法 5 垂线法.

如图 20,分别自 A, B, C 向 l 作垂线,设垂线段的长度分别为 p, q, r,则 $\frac{AF}{FB}=\frac{p}{q}, \frac{BD}{DC}=\frac{q}{r}, \frac{CE}{EA}=\frac{r}{p}$,三式相乘即得证.

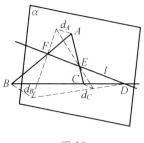

图 19

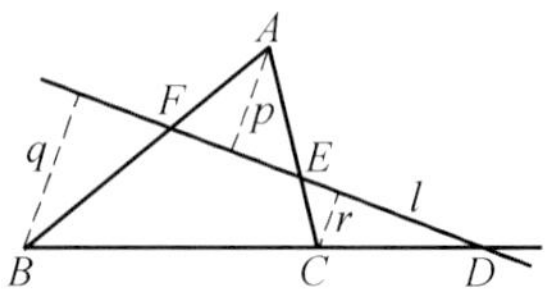

图 20

证法 6 正弦定理法.

在 $\triangle AEF$, $\triangle BDF$, $\triangle CDE$ 中,由正弦定理得

$$\frac{AF}{FB} \cdot \frac{BD}{DC} \cdot \frac{CE}{EA} = \frac{AF}{EA} \cdot \frac{BD}{FB} \cdot \frac{CE}{DC} =$$

$$\frac{\sin\angle AEF}{\sin\angle AFE} \cdot \frac{\sin\angle BFD}{\sin\angle FDB} \cdot \frac{\sin\angle EDC}{\sin\angle CED}$$

因 $\angle AEF = \angle CED$, $\angle BFD + \angle AFE = 180°$, $\angle EDC = \angle FDB$, 故上式右端乘积为 1, 得证.

证法 7 向量法.

设 $\overrightarrow{AF} = \lambda \overrightarrow{FB}$, $\overrightarrow{BD} = \mu \overrightarrow{DC}$, $\overrightarrow{CE} = \gamma \overrightarrow{EA}$, 即证

$$\lambda\mu\gamma = 1$$

$$\overrightarrow{DE} = \overrightarrow{DC} + \overrightarrow{CE} = \frac{1}{\mu-1}\overrightarrow{CB} + \frac{\gamma}{\gamma+1}\overrightarrow{CA} =$$

$$\frac{1}{\mu-1}\overrightarrow{AB} - \left(\frac{1}{\mu-1} + \frac{\gamma}{\gamma+1}\right)\overrightarrow{AC}$$

$$\overrightarrow{EF} = \overrightarrow{AF} - \overrightarrow{AE} = \frac{\lambda}{\lambda+1}\overrightarrow{AB} - \frac{1}{\gamma+1}\overrightarrow{AC}$$

由 D, E, F 三点共线, 知 $\overrightarrow{DE}$ 与 $\overrightarrow{EF}$ 共线, 故

$$\frac{1}{\mu-1} \cdot \frac{1}{\gamma+1} = \frac{\lambda}{\lambda+1}\left(\frac{1}{\mu-1} + \frac{\gamma}{\gamma+1}\right)$$

整理即 $\lambda\mu\gamma = 1$.

证法 8 坐标法.

设 $A(x_1, y_1), B(x_2, y_2), C(x_3, y_3)$, 且 $\overrightarrow{AF} = \lambda\overrightarrow{FB}, \overrightarrow{BD} = \mu\overrightarrow{DC}, \overrightarrow{CE} = \gamma\overrightarrow{EA}$, 则

$$F\left(\frac{x_1 + \lambda x_2}{1+\lambda}, \frac{y_1 + \lambda y_2}{1+\lambda}\right)$$

$$D\left(\frac{x_2 + \mu x_3}{1+\mu}, \frac{y_2 + \mu y_3}{1+\mu}\right)$$

Menelaus 定理

$$E\left(\frac{x_3+\gamma x_1}{1+\gamma}, \frac{y_3+\gamma y_1}{1+\gamma}\right)$$

设直线 l 的方程为 $ax+by+c=0$，代入点 F 的坐标，即 $a\dfrac{x_1+\lambda x_2}{1+\lambda}+b\dfrac{y_1+\lambda y_2}{1+\lambda}+c=0$，解得 $\lambda=-\dfrac{ax_1+by_1+c}{ax_2+by_2+c}$，同理有

$$\mu=-\frac{ax_2+by_2+c}{ax_3+by_3+c}, \gamma=-\frac{ax_3+by_3+c}{ax_1+by_1+c}$$

于是 $\lambda\mu\gamma=-1$，即 $\dfrac{AF}{FB}\cdot\dfrac{BD}{DC}\cdot\dfrac{CE}{EA}=1$。

这样的坐标法并没有建立坐标系，而是直接设出点的坐标，运算过程对称、简洁！

证法 9 质点法。

设 $(1+r)F=A+rB$，$(1+s)E=A+sC$，两式相减消去点 A 得 $(1+r)F-(1+s)E=rB-sC$，此式表明 FE 与 BC 交于一点，即 $(r-s)D=rB-sC$，于是

$$\frac{AF}{FB}\cdot\frac{BD}{DC}\cdot\frac{CE}{EA}=r\cdot\frac{s}{r}\cdot\frac{1}{s}=1$$

质点法直接让几何学里最基本的元素——点参与运算，稍微修改就可得向量证法：在 $\triangle ABC$ 所在平面内任取一点 O，设 $\overrightarrow{AF}=r\overrightarrow{FB}$，$\overrightarrow{AE}=s\overrightarrow{EC}$，则有 $(1+r)\overrightarrow{OF}=\overrightarrow{OA}+r\overrightarrow{OB}$，$(1+s)\overrightarrow{OE}=\overrightarrow{OA}+s\overrightarrow{OC}$。

两式相减得 $(1+r)\overrightarrow{OF}-(1+s)\overrightarrow{OE}=r\overrightarrow{OB}-s\overrightarrow{OC}$，又 FE 与 BC 交于点 D，故有 $r\overrightarrow{OB}-s\overrightarrow{OC}=(r-s)\overrightarrow{OD}$，则 $\overrightarrow{BD}=\dfrac{s}{r}\overrightarrow{CD}$，于是 $\dfrac{AF}{FB}\cdot\dfrac{BD}{DC}\cdot\dfrac{CE}{EA}=r\cdot\dfrac{s}{r}\cdot$

$\frac{1}{s}=1.$

以上过程中点 O 是任意的,并不起实质性作用,完全可以省略不写,用一个字母表示向量,这就是质点几何了. 质点法的最新研究成果是建立了能处理希尔伯特交点类命题的仿射几何机器证明算法 MPM(Mass-Point-Method),并编写了 Maple 程序,验算了几百个非平凡命题,不仅效率高,程序自动生成的证明也有可读性,这一工作是广州大学邹宇博士在张景中院士的指导下完成的. 最后给出梅涅劳斯定理的机器证明,算作第十种证法.

证法 10 机器证明.

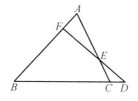

图 21

Points(A,B,C);

Mratio(D,B,C,r1);

Mratio(E,C,A,r2);

Inter(F,D,E,A,B);

ratioproduct3(A,E,F,B,B,D,D,C,C,E,E,A)

A,B,C

$(1+r1)D = B + r1C$

$(1+r2)E = C + r2A$

173

Menelaus 定理

$$F = (AB) \cap (DE)$$

$$D - \frac{r1(1+r2)E}{1+r1} = -\frac{r1r2A}{1+r1} + \frac{B}{1+r1}$$

$$F = \frac{r1r2A}{-1+r1r2} - \frac{B}{-1+r1r2}$$

$$A - F = -\frac{F-B}{r1r2}$$

$$B - D = r1(D - C)$$

$$C - E = r2(E - A)$$

$$\frac{[AF][BD][CE]}{[FB][DC][EA]} = -1$$

需要补充的一点是,Menelaus 定理不仅在初等数学中是重要的,在中学物理中也有应用.

很多物理试题的求解除了必要的物理学知识外,学生的数学学科功底有时候会直接决定问题的成功解决,以 2014 年浙江省宁波市物理竞赛第 14 题为例.

如图 22,"V"字形金属杆的臂长度相等且质量分布均匀,两臂间的夹角 θ 可以改变,用一根细线悬挂一个臂的端点 A,为使金属杆的顶点 O(即两臂连接处)位置最高,金属杆两臂张开的角度 θ 为 _____(用反

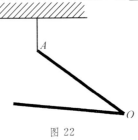

图 22

三角函数表示).

分析:如图 23,设金属杆 OA,OB 的中点分别为点 F,E,易知"V"字形金属杆的重心在 EF 中点 M 处,根据受力分析,只需过点 O 作 $OC \perp AM$ 交 AM 延长线于点 C. 欲使点 O 位置最高,则 AM 最小或 OC 最大.

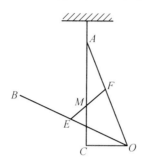

图 23

浙江省宁波第二中学的孙鋆,周磊用数学方法求解上述数学模型,经过探求得到如下几种解法.

解法 1 如图 24,以 OA 所在直线为 x 轴,点 O 为坐标原点,建立平面直角坐标系.

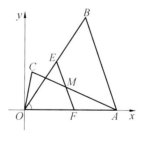

图 24

Menelaus 定理

设 $OA = l$,则 $OE = OF = \dfrac{l}{2}$. 易知 $A(l, 0)$, $F\left(\dfrac{l}{2}, 0\right)$, $E\left(\dfrac{l}{2}\cos\theta, \dfrac{l}{2}\sin\theta\right)$.

由中点坐标公式得 $M\left(\dfrac{l+l\cos\theta}{4}, \dfrac{l\sin\theta}{4}\right)$,则 AM 的斜率为 $\dfrac{\dfrac{l\sin\theta}{4}}{\dfrac{l+l\cos\theta}{4}-l} = \dfrac{\sin\theta}{\cos\theta - 3}$,故直线 AM 方程为 $y = \dfrac{\sin\theta}{\cos\theta - 3}(x - l)$,即 $\sin\theta \cdot x - (\cos\theta - 3)y - l\sin\theta = 0$.

OC 即为 O 到直线 AC 的距离,由点到直线距离公式得

$$OC = \dfrac{|\sin\theta \cdot 0 - (\cos\theta - 3) \cdot 0 - l\sin\theta|}{\sqrt{\sin^2\theta + (\cos\theta - 3)^2}} = \dfrac{l\sin\theta}{\sqrt{10 - 6\cos\theta}}$$

设 $f(\theta) = \dfrac{\sin\theta}{\sqrt{10 - 6\cos\theta}}$,则 $f^2(\theta) = \dfrac{\sin^2\theta}{10 - 6\cos\theta}$,令 $t = 10 - 6\cos\theta$,则

$$y = \dfrac{1 - \left(\dfrac{10-t}{6}\right)^2}{t} = \dfrac{20t - 64 - t^2}{36t} = \dfrac{1}{36}\left[20 - \left(t + \dfrac{64}{t}\right)\right]$$

由于 $t > 0$,运用基本不等式得 $t + \dfrac{64}{t} \geqslant 2\sqrt{t \cdot \dfrac{64}{t}} = 16$,

由此 $y \leqslant \dfrac{1}{9}$,当且仅当 $t = \dfrac{64}{t}$,即 $t = 10 - 6\cos\theta = 8$,即 $\cos\theta = \dfrac{1}{3}$ 时取等号,此时 $\theta = \arccos\dfrac{1}{3}$.

解法 2 如图 25,联结 OM 交 AB 于点 N,设 $OA = l$,则 $OF = \dfrac{l}{2}$.

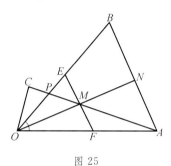

图 25

在 Rt$\triangle OMF$ 中,$MF = \dfrac{l}{2}\sin\dfrac{\theta}{2}$,$OM = MN = \dfrac{l}{2}\cos\dfrac{\theta}{2}$,从而 $AN = 2MF = l\sin\dfrac{\theta}{2}$.

在 Rt$\triangle AMN$ 中,$AM = \sqrt{MN^2 + AN^2} = \sqrt{l^2\sin^2\dfrac{\theta}{2} + \dfrac{l^2}{4}\cos^2\dfrac{\theta}{2}}$.

在 $\triangle AMF$ 中,设 $\angle MAF = \alpha$,由正弦定理得 $\dfrac{MF}{\sin\alpha} = \dfrac{AM}{\sin\angle MFA}$,从而

$$\sin\alpha = \dfrac{MF \cdot \sin\angle MFA}{AM} =$$

Menelaus 定理

$$\frac{\frac{l}{2}\sin\frac{\theta}{2} \cdot \sin\left(\frac{\pi}{2}+\frac{\theta}{2}\right)}{\sqrt{l^2\sin^2\frac{\theta}{2}+\frac{l^2}{4}\cos^2\frac{\theta}{2}}}=$$

$$\frac{\sin\theta}{2\sqrt{4\sin^2\frac{\theta}{2}+\cos^2\frac{\theta}{2}}}=$$

$$\frac{\sin\theta}{2\sqrt{4\cdot\frac{1-\cos\theta}{2}+\frac{1+\cos\theta}{2}}}=$$

$$\frac{\sin\theta}{2\sqrt{\frac{5-3\cos\theta}{2}}}$$

设 $f(\theta)=\dfrac{\sin\theta}{\sqrt{10-6\cos\theta}}$,转化为上述解法 1 求其最大值,此时 $AC=l\cos\alpha$ 最小.

解法 3 由解法 2 可知,在 $\triangle AMF$ 中由余弦定理可得

$$\cos\alpha=\frac{AM^2+AF^2-MF^2}{2AM\cdot AF}=$$

$$\frac{l^2\sin^2\frac{\theta}{2}+\frac{l^2}{4}\cos^2\frac{\theta}{2}+\frac{l^2}{4}-\frac{l^2}{4}\sin^2\frac{\theta}{2}}{2\cdot\frac{l}{2}\sqrt{\frac{l^2}{4}\cos^2\frac{\theta}{2}+l^2\sin^2\frac{\theta}{2}}}=$$

$$\frac{\frac{l^2}{2}+\frac{l^2}{2}\sin^2\frac{\theta}{2}}{\frac{l^2}{2}\sqrt{\cos^2\frac{\theta}{2}+4\sin^2\frac{\theta}{2}}}=\frac{1+\sin^2\frac{\theta}{2}}{\sqrt{1+3\sin^2\frac{\theta}{2}}}$$

令 $t=\sin^2\dfrac{\theta}{2}$,则

$$\cos\alpha = \frac{1+t}{\sqrt{1+3t}} = \frac{\frac{1}{3}(3t+1)+\frac{2}{3}}{\sqrt{3t+1}} =$$

$$\frac{1}{3}\sqrt{3t+1} + \frac{2}{3}\frac{1}{\sqrt{3t+1}} \geqslant$$

$$2\sqrt{\frac{\sqrt{3t+1}}{3} \cdot \frac{2}{3}\frac{1}{\sqrt{3t+1}}} = \frac{2\sqrt{2}}{3}$$

当且仅当 $\dfrac{\sqrt{3t+1}}{3} = \dfrac{2}{3\sqrt{3t+1}}$,即 $t=\dfrac{1}{3}$ 时取等号.

此时 $\sin^2\dfrac{\theta}{2} = \dfrac{1-\cos\theta}{2} = \dfrac{1}{3}$,即 $\cos\theta = \dfrac{1}{3}$.

尽管用三个不同解法顺利解决了问题,但是这个问题的本质是什么,有没有直接的几何直观让我们牵挂和追寻? 此时 Menelaus 定理便进入了视野.

如图 26,由梅氏定理得 $\dfrac{OA}{AF} \cdot \dfrac{FM}{ME} \cdot \dfrac{FP}{PO} = 1$,而 $OA = 2AF$,$FM = ME$,则 $\dfrac{EP}{PO} = \dfrac{1}{2}$,由此 $OP = \dfrac{2}{3}OE = \dfrac{l}{3}$.

而 $OC = OP\sin\angle OPC = \dfrac{l}{3}\sin\angle OPC \leqslant \dfrac{l}{3}$,此时

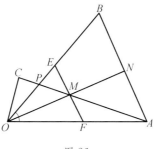

图 26

Menelaus 定理

在 Rt$\triangle OAP$ 中 $\cos\theta = \dfrac{OP}{OA} = \dfrac{\frac{l}{3}}{l} = \dfrac{1}{3}$.

利用梅氏定理直接可以确定直线 AM 与边 OE 的交点即为其三等分点,即点 P 为定点.由此呈现出此问题直观的几何背景:设线段 OP 为定线段,过点 P 作一动直线 l',则点 O 到直线 l' 的最大距离即为 OP(图 27).此时直线 $AP \perp OP$,即 $\cos\theta = \dfrac{1}{3}$.利用梅氏定理其实就解释了这个数学模型的问题实质,从形的角度反映出问题的本质属性,这需要学生高超的数学竞赛背景知识.由此我们不难发现上述的求解方法不局限于定点 P 的位置,从而对原来物理问题的改造将产生一系列同源的问题链.

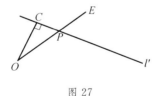

图 27

这本小册子貌似浅显,其实是所谓大道至简.大家一般不是炫技巧,而是指方向的.吴先生在几何的机械化证明方向受到国际同行的盛誉.1995 年《美国数学月刊》(The American Mathematical Monthly)vol 102 发表了 P.J.Davis 的一篇综述题为"三角形几何的兴起、衰落和可能的东山再起:微型历史",在文中 Davis 指出:我们也可以走一条相当深刻的代数路子,这条道

编辑手记

路被吴文俊(Wu)、周咸青(Chou)、张景中(Zhang)和高小山(Gao)以及其他人走过.在这条道路中,用了 Ritt 原理,或者 Groebner 基这些代数概念.为了使读者有一个全面了解,我们把该文章当作附录.吴先生生于 1919 年,今年已是 96 岁高龄了,再对本书进行修订已不可能了,借此书的出版祝吴先生健康长寿.

刘培杰

2016 年 1 月 1 日

于哈工大